煤矿水资源利用与环境影响研究

王现国　龚晓凌　周春华　周奇蒙
任　静　赵翩翩　王晨旭　张平辉　编著

黄河水利出版社
·郑州·

内 容 提 要

本书以地下开采煤矿为例,采用上、下篇分别考虑两个煤矿项目的特点,对水资源论证中的用水合理性分析、矿井涌水取水水源论证和矿井涌水取水影响、矿坑排水退水影响论证进行了重点评价。在用水合理性分析中,从节约水资源的角度出发,结合相关标准和实地调研情况,合理核定项目取水量,并提出了系统的矿井涌水综合利用方案,使矿井排水有效利用;在矿井涌水取水水源论证中,采用解析法与水文地质比拟法相结合分析矿井涌水可供水量,收集了相邻煤矿大量的实测水文地质资料,确定了合理的矿井涌水量;在矿井涌水取水影响论证中,分析井田开采对地表水(水库)、地下水含水层、岩溶大泉以及其他用水户的影响,并提出了相应的保护和补偿措施。

本书可供地矿部门、水利部门、环境保护部门从事水文地质、环境保护研究、水资源论证等方面的技术人员、管理人员和大专院校相关专业师生参考使用。

图书在版编目(CIP)数据

煤矿水资源利用与环境影响研究/王现国等编著. —郑州:
黄河水利出版社,2018.5
ISBN 978 - 7 - 5509 - 2029 - 3

Ⅰ.①煤… Ⅱ.①王… Ⅲ.①地下采煤 - 水资源利
用 - 研究 ②地下采煤 - 环境影响 - 研究 Ⅳ.①TD823

中国版本图书馆 CIP 数据核字(2018)第 091025 号

组稿编辑:王路平 电话:0371 - 66022212 E-mail:hhslwlp@ 126. com

出 版 社:黄河水利出版社 网址:www.yrcp.com
　　　地址:河南省郑州市顺河路黄委会综合楼 14 层 邮政编码:450003
发行单位:黄河水利出版社
　　　发行部电话:0371 -66026940、66020550、66028024、66022620(传真)
　　　E-mail:hhslcbs@ 126. com
承印单位:河南新华印刷集团有限公司
开本:787 mm × 1 092 mm　1/16
印张:12
字数:280 千字
版次:2018 年 5 月第 1 版　　　　　印次:2018 年 5 月第 1 次印刷

定价:36.00 元

前　言

　　根据《中华人民共和国水法》《取水许可和水资源费征收管理条例》和《建设项目水资源论证管理办法》等有关法规及文件规定,为加强水资源管理和保护,促进水资源的优化配置和可持续开发利用,保障建设项目的合理用水要求,建设项目业主应当进行建设项目水资源论证,并向水行政主管部门报审建设项目水资源论证报告书,为建设项目取水许可申请提供技术依据。

　　水资源论证的目的,是在分析项目所在区域地质条件、水文地质条件、水资源开发利用现状以及区域水资源规划配置、煤矿矿坑排水可利用量等的基础上,分析项目用水的合理性,论证取水水源供水的可行性,以及煤矿取水、排水对区域水环境和其他用水户的影响,为建设单位向水行政主管部门办理取水申请提供依据,并使建设单位明确其对水资源及水环境保护应承担的责任和应采取的措施,实现以水资源的可持续利用支持建设项目区域内的经济社会可持续发展。

　　河南华安煤业有限公司煤矿(原河南鹤壁煤电股份有限公司十一矿),位于安鹤煤田彰武—伦掌南部勘探区,地处河南省安阳市西部,东距安阳市 20 km,南距鹤壁市 25 km,行政区划隶属安阳县。矿井设计规模 1.8 Mt/a,配套建设 1.8 Mt/a 选煤厂,井田南北长 13.75 km,东西宽 1.00~4.00 km,面积 40.12 km²。2006 年 7 月,中华人民共和国国家发展和改革委员会以能煤咨函〔2006〕42 号对河南鹤壁煤电股份有限公司十一矿开展前期工作的请示做出复函,允许河南鹤壁煤电股份有限公司十一矿按照 1.8 Mt/a 的建设规模开展前期工作。2011 年 2 月 17 日,河南华安煤业有限公司委托河南省郑州地质工程勘察院编制《河南华安煤业有限公司煤矿项目水资源论证报告书》。

　　河南超越煤业股份有限公司伦掌煤矿位于安阳市西北部,行政区划隶属河南省安阳县伦掌乡。矿井设计规模 1.8 Mt/a,配套建设 1.8 Mt/a 选煤厂,井田南北长 8.16 km,东西宽 6.85 km,面积 34.78 km²。该矿井由河南超越煤业股份有限公司投资开发建设。2007 年 7 月,中华人民共和国国家发展和改革委员会以能煤函〔2007〕66 号对河南超越煤业股份有限公司伦掌煤矿开展前期工作的请示做出复函,允许河南超越煤业股份有限公司伦掌煤矿按照 1.8 Mt/a 的建设规模开展前期工作。2010 年 11 月 10 日,河南超越煤业股份有限公司委托河南省郑州地质工程勘察院编制《河南超越煤业股份有限公司伦掌煤矿项目水资源论证报告书》。

　　河南省郑州地质工程勘察院接受委托后,在认真研究该项目地勘资料、可研资料的基础上,先后前往现场和相邻煤矿(大众煤矿、红岭煤矿、主焦煤矿、辛庄煤矿、果园煤矿、马村煤矿、龙山煤矿等)开展了资料收集和野外调查工作,对矿区进行了实地走访,对井筒施工工艺、采煤工艺、选煤工艺、矿井涌水处理工艺、采煤影响、矿山恢复情况等进行了深入调研,确定煤矿水资源分析范围、矿井涌水水资源论证和取水影响范围、退水影响论证范围。编制完成的《河南华安煤业有限公司煤矿项目水资源论证报告书》《河南超越煤业股份有限公司伦掌煤矿项目水资源论证报告》分别于 2012 年 1 月和 2012 年 5 月通过水利部海河水利委员会审查。

本书为煤矿水资源论证项目案例,重点对煤矿矿坑排水及用水合理性、矿井涌水取水水源论证以及涌水取水影响、排水退水影响论证进行分析和阐述。

(1)按照现行各项标准、规范的相关要求,结合对周边区域其他煤矿的实际调研结果,对项目的合理用水量进行核定;根据论证项目的用水特点,针对用水水质要求,提出了矿井水利用方案。

(2)在分析矿井充水因素以及收集矿区和相邻矿区的大量实测数据的基础上,分别采用水文地质比拟法和稳定流解析法对矿井涌水量进行预算,综合两种方法的计算结果进行分析,确定合理的矿井涌水可供水量,并对矿井涌水水质保证程度、取水口位置合理性以及取水可靠性进行了分析。

(3)通过取样化验,对矿区矿坑水及地下水水质进行了评价。

(4)在分析井田水文地质条件的基础上,分别分析了井田开采对不同地下水含水层系统、马蹄泉、拔剑泉、卧龙泉、珍珠泉等岩溶水大泉,地表水(水库)以及其他用水户的影响,提出了相应的水资源保护措施。

在水资源论证研究和本书编写过程中,得到了委托方等单位的大力支持和帮助,在报告书审查时,河南省水利厅和海河水利委员会的有关专家提出了修改意见。在此表示衷心的感谢!

由于作者水平有限,书中存在一些不足之处,如没有采用数值法预测矿井涌水量,如何对矿坑水进行高效综合利用等方面需要进一步加强,敬请广大读者批评指正。

作　者
2018 年 2 月

目　录

下篇　河南超越煤业股份有限公司伦掌煤矿

上篇 河南华安煤业有限公司煤矿

1　总　论

1.1　项目来源

河南华安煤业有限公司煤矿(原河南鹤壁煤电股份有限公司十一矿)为鹤壁煤电股份有限公司矿井,位于安鹤煤田彰武—伦掌南部勘探区,地处河南省西部,东距安阳市 20 km,南距鹤壁市 25 km,行政区划隶属安阳县。矿井设计规模 1.8 Mt/a,配套建设 1.8 Mt/a 选煤厂,井田南北长 13.75 km,东西宽 1.00~4.00 km,面积 40.12 km²。2006 年 7 月,中华人民共和国国家发展和改革委员会以能煤咨函〔2006〕42 号对河南鹤壁煤电股份有限公司十一矿开展前期工作的请示做出复函,允许河南鹤壁煤电股份有限公司十一矿按照 1.8 Mt/a 建设规模开展前期工作。

2011 年 2 月 17 日,河南华安煤业有限公司委托河南省郑州地质工程勘察院编制《河南华安煤业有限公司煤矿项目水资源论证报告书》。

1.2　水资源论证的目的和任务

1.2.1　论证目的

河南华安煤业有限公司煤矿项目为新建大型矿山项目,根据《中华人民共和国水法》《取水许可和水资源费征收管理条例》和《建设项目水资源论证管理办法》等有关法规及文件规定,加强水资源管理和保护,为促进水资源的优化配置和可持续开发利用,保障建设项目的合理用水要求,建设项目业主应当进行建设项目水资源论证,并向水行政主管部门报审建设项目水资源论证报告书,为建设项目取水许可申请提供技术依据。

河南华安煤业有限公司煤矿项目水资源论证的目的,是在分析项目所在区域地质条件、水文地质条件、水资源开发利用现状以及区域水资源规划配置、煤矿矿坑排水可利用量等的基础上,分析项目用水的合理性,论证取水水源供水的可行性,以及煤矿取水、排水对区域水环境和其他用水户的影响,为建设单位向水行政主管部门办理取水申请提供依据,并使建设单位明确其对水资源及水环境保护应承担的责任和应采取的措施,实现以水资源的可持续利用支持建设项目区域内的经济社会可持续发展。

1.2.2　论证任务

本次论证根据《建设项目水资源论证导则(试行)》(SL/Z 322—2005)的要求,在充分收集、分析前人研究成果资料的基础上,主要进行如下几方面的工作:

(1)充分收集和分析区内气象、水文、地质、水文地质等资料,进行必要的野外勘察工作。

（2）对区域水资源状况及开发利用现状进行调查分析。

（3）在了解矿井基本情况、用水组成以及设计用水量的基础上进行用水平衡分析，界定项目取用水量，并进行项目取用水合理性分析。

（4）在分析井田地质、水文地质条件以及对井田周围矿坑排水量调查的基础上，分析煤矿矿坑水供水的可靠性和可行性。

（5）进行项目建设（取水、排水、矸石）对区域水环境的影响以及采煤对矿区内人畜饮水的影响评价，并提出相应的防治意见。

（6）提出合理用水、节约用水及水资源保护的措施与建议。

1.3　编制依据

1.3.1　法律法规

（1）《中华人民共和国水法》（中华人民共和国主席第七十四号令，2002 年 10 月）。

（2）《中华人民共和国水污染防治法》（第十届全国人民代表大会常务委员会第三十二次会议修订》，2008 年 2 月）。

（3）《建设项目水资源论证管理办法》（水利部、国家发展计划委员会，2002 年 3 月）。

（4）《取水许可和水资源费征收管理条例》（国务院令第 460 号，2006 年 4 月）。

（5）《取水许可管理办法》（水利部 2008 年 3 月 13 日）。

（6）《水库大坝安全管理条例》（国务院令第 78 号，1991 年 3 月 22 日）。

（7）《安阳市洹河管理办法》（安阳市人民政府令第 11 号，2004 年 3 月 1 日）。

1.3.2　规范标准、文件

（1）《建设项目水资源论证导则（试行）》（SL/Z 322—2005）。

（2）《污水综合排放标准》（GB 8978—1996）。

（3）《生活饮用水卫生标准》（GB 5749—2006）。

（4）《农田灌溉水质标准》（GB 5084—2005）。

（5）《工业与城镇生活用水定额》（DB41/T 1385—2014）。

（6）《煤炭工业矿井设计规范》（GB 50215—2005）。

（7）《评价企业合理用水技术通则》（GB/T 7119—1996）。

（8）《工业用水考核指标及计算方法》（CJ 42—1999）。

（9）《建筑给水排水设计规范》（GB 50015—2003）。

（10）《煤矿防治水规定》（国家安全生产监督管理总局、国家煤矿安全监察局，2009 年 9 月 21 日）。

（11）《河南省人民政府办公厅关于印发河南省城市集中式饮用水源保护区划的通知》（豫政办〔2007〕125 号，2007 年 12 月 12 日）。

（12）《安阳市人民政府办公室关于印发安阳市地表水饮用水水源保护区管理办法的

通知》(安政办〔2010〕222 号,2010 年 12 月 2 日)。

1.3.3　主要参考资料及文献

(1)《河南华安煤业有限公司矿井可行性研究报告》(煤炭工业郑州设计研究院有限公司,2007 年 11 月)。

(2)《鹤壁煤电股份有限公司十一矿(1.80 Mt/a)及配套选煤厂新建工程环境影响报告书》(煤炭科学研究总院西安分院,2006 年 4 月)。

(3)《河南华安煤业有限公司矿井资源开发利用方案说明书》(煤炭工业郑州设计研究院有限公司,2008 年 8 月)。

(4)《安阳鑫龙煤业(集团)红岭煤业有限责任公司红岭煤矿工程竣工环境保护验收调查报告》(煤炭工业郑州设计研究院有限公司,2007 年 8 月)。

(5)《河南省安鹤煤田彰武—伦掌南部区勘探报告》(河南省煤炭地质勘察研究院,2005 年 4 月)。

(6)《鹤壁煤电股份有限公司十一矿水土保持方案报告书》(北京水保生态工程咨询有限公司,2005 年 9 月)。

(7)《河南省地下水资源与环境》(赵云章,朱中道,王继华等编著,中国大地出版社,2004 年 6 月)。

(8)《河南省安阳市水资源可持续利用综合规划》(中国水利水电科学研究院,2002 年 10 月)。

(9)《1:20 万鹤壁幅区域水文地质调查报告》(河南省地矿局水文一队,1985 年)。

(10)《河南省安—林地区岩溶水资源评价报告》(河南省地矿局水文一队,河南省安阳市计划节约用水办公室,1988 年 10 月)。

(11)《彰武—伦掌南部煤勘查区"双全井田"瞬变电磁勘探报告》(中国煤炭地质总局地球物理勘探研究院,2005 年 12 月)。

(12)《河南省水功能区划报告》(河南省水利厅,2003 年 7 月)。

(13)《河南省安阳市地质环境调查报告》(河南省水文地质工程地质勘察院,2006 年 7 月)。

(14)《建筑物、水体、铁路及主要井巷煤柱留设与压煤开采规程》(煤炭工业出版社,2000 年 6 月 1 日)。

1.4　取水规模、取水水源与取水地点

1.4.1　取水规模

根据《河南华安煤业有限公司(原鹤壁煤电股份有限公司十一矿)矿井可行性研究报告》,本矿井规划在彰武—伦掌南部煤勘探区开采二$_1$煤层,矿井正常涌水量为 546.68 m³/h(矿井取水量按正常涌水量计算);最大涌水量为 710.68 m³/h(最大涌水量是制订矿井防排水方案,确定排水能力及防水安全措施的技术依据)。因此,本矿井正常取水量为

546.68 m³/h（13 120.32 m³/d），年取水量为 478.89 万 m³。

1.4.2　取水水源

根据《河南华安煤业有限公司（原鹤壁煤电股份有限公司十一矿）矿井可行性研究报告》及可行性研究报告专家评审意见，该区深层地下水丰富，拟采用疏干排水作为矿井和选煤厂生活、消防水源。该矿井涌水量较大，矿井排水经处理后，水质完全可以满足矿井和选煤厂生产用水水源。河南华安煤业有限公司煤矿项目设计正常生产及生活用水量 3 078.78 m³/d，年用水量 105.4 万 m³。其中，生产用水量 1 991 m³/d，年用水量 65.7 万 m³；生活用水量 1 087.78 m³/d，年用水量 39.7 万 m³。

1.4.3　取水地点

生活及消防取水地点为工业广场内的疏干排压井；生产用水采用一级排水系统，在 -840 m 水平井底车场附近建立主排水泵房，将矿井涌水沿副井井筒直接排到地面。

1.5　工作等级

根据《建设项目水资源论证导则（试行）》（SL/Z 322—2005）中关于水资源论证地下取水分类分级指标的规定，该项目正常取水量为 1.312 万 m³/d，年取水量为 478.89 万 m³，论证级别为一级；生产、生活正常用水量为 0.308 万 m³/d，年用水量为 105.4 万 m³，其中生产用水量 0.199 1 万 m³/d（合 65.70 万 m³/a），生活用水量 0.108 7 万 m³/d（合 39.70 万 m³/a），论证级别为三级；矿区水文地质条件中等，论证级别定为二级；区域地下水开发利用率较高（79.22%），主要是浅层水，论证等级为一级。

本项目生产用水水源为处理后的矿坑排水，生活用水水源为本矿井工业场地内的疏干排水，对第三者取用水影响轻微，论证级别为三级；该矿井为超深开采，取水对生态影响轻微，论证级别为三级；煤矿后期开采的其他地段井田范围与彰武水库部分重叠，彰武水库主要用于工农业供水，彰武水库位于井田内的区域属河南省海河流域二级水功能保护区——安阳河安阳市开发利用区蒋村工业用水区，论证级别定为三级。

建设项目退水经处理后用于煤矿生产和进入跃进渠东干渠灌区作为农灌用水，全部利用，不外排进入下游河道和水功能区，对第三者取用水影响轻微，对生态影响轻微。本项目在正常生产情况下，部分矿井疏干排水经过处理作为矿井生产、生活用水，剩余水 404.9 万 m³/a（11 093.15 m³/d）处理达标后，通过管线进入矿区北侧的伦掌镇谷驼电站上游跃进渠东干渠灌区，全部由安阳县跃进渠灌区管理局调度分配，作为农田灌溉用水。经过一体化地埋式生活污水综合处理设备处理后的生活污水 20.70 万 m³/a（627.25 m³/d），全部回用于生产用水。综上，煤矿疏干排水全部利用，退水量为 0，论证级别定为三级。

根据《建设项目水资源论证导则（试行）》（SL/Z 322—2005），水资源论证工作等级由分类等级的最高级别确定,分类等级由地表取水、地下取水、取水和退水影响分类指标的最高级别确定(见表1-1-1)。通过上述分析,综合确定本次水资源论证工作等级为一级。

表1-1-1　水资源论证工作等级

分类	分类指标		工作等级
地下取水	工业取水	1.312 万 m³/d	一级
	生活用水	0.108 7 万 m³/d	三级
	地质条件	中等	二级
	开发利用程度	>70%	一级
取水和退水影响	水资源利用	对第三者取用水影响轻微	三级
	生态	对生态环境影响轻微	三级
	水域管理要求	取水涉及单个水功能二级区	三级
	退水污染类型	退水含可降解的污染物	二级
	退水量	0	三级

1.6　分析范围与论证范围

本井田位于安阳煤田东北部,地处太行山隆起带的山前地带,地势西高东低,总体上为一向东倾斜的单斜汇水构造,井田内地下水主要接受西部太行山区基岩露头处大气降水补给,沿岩层倾向侧向径流至本井田后,继续向深部运移,在遇弱透水岩层阻隔后,形成上升泉排泄于地表。因而,本区位于地下水深部径流区。

水资源论证分析范围包括论证范围,结合《建设项目水资源论证导则(试行)》(SL/Z 322—2005),第3.1.1条"应以建设项目取用水有直接影响关系的区域为基准,统筹考虑流域与行政区域确定分析范围,并以行政区为宜的原则",选择安阳县西部地区(面积733 km²,包括伦掌镇、都里乡、安丰乡、洪河屯乡、蒋村乡、磊口乡、许家沟乡、曲沟镇、铜冶镇、水冶镇、善应镇、马家乡等12个乡(镇))作为本项目水资源论证的分析范围。

论证范围主要按水文地质单元划分,井田西侧与珍珠泉岩溶泉域地下水系统东部边界相邻,故论证范围按珍珠泉岩溶泉域边界及可能受矿井开采影响的范围以及取用水、退水影响范围考虑,西部以珍珠泉岩溶泉域东部边界为界,北部和东部以跃进渠东干渠控制灌区为界,南部以井田开采影响范围2.8 km为界,论证范围面积约273 km²,具体位置见图1-1-1。

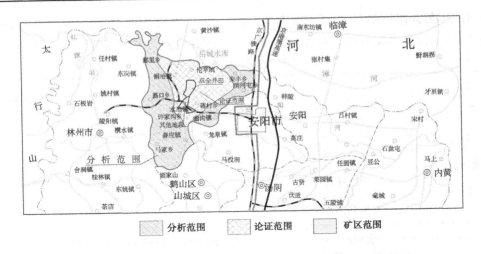

图 1-1-1　水资源论证分析及论证范围

1.7　水平年

通过分析项目所在地——安阳市的经济发展水平、水资源状况及水资源统计资料等有关情况,综合确定 2009 年作为现状水平年;建设项目计划工期为 52 个月,竣工后一年可达到矿井设计生产能力,结合区域水资源规划,确定 2020 年为规划水平年。

2　建设项目概况

2.1　建设项目名称及项目性质

项目名称:河南华安煤业有限公司煤矿项目。

建设性质:新建工程。

2.2　建设地点、占地面积和土地利用情况

2.2.1　建设地点

河南华安煤业有限公司煤矿为鹤壁煤电股份有限公司矿井,地处河南省安阳市西部,鹤壁市北部,东距安阳市 20 km,南距鹤壁市 25 km,行政区划隶属安阳县。井田位于安鹤煤田彰武—伦掌南部煤勘探区,地理坐标为东经 114°04′25″ ~ 114°09′16″,北纬 36°05′08″ ~ 36°12′35″。

工业场地位于双全村的东侧,该工业场地场区所处位置地形基本平坦,东北面约 300 m 为汾洪江,其正南 1.30 km 处有伦掌—水冶公路、石涧—水冶煤矿铁路专用线穿过,交通便利。

矿区东距京广铁路之安阳火车站约 20 km,安阳—李(珍)铁路、水冶—龙山煤矿专用铁路均通过本区。107 国道从本区东部通过,安阳—水冶—伦掌、水冶—王家岭均有沥青公路相通,交通十分方便。井田地理交通位置详见图 1-2-1。

2.2.2　占地面积

井田南北长 13.75 km,东西倾向宽 1.0 ~ 4.0 km,面积为 40.12 km²,其中先期开采区段走向长 1.8 ~ 7.0 km,倾向宽 0 ~ 3.7 km,面积约 21.33 km²;井田后备区南北走向长 6.67 km,倾向宽 1.0 ~ 4.0 km,面积约 18.79 km²。其中,工业场地占地 23.18 hm²。

2.2.3　土地利用情况

本井田处于山区向平原过渡的丘陵地带,地表为冲积层及坡积物,部分覆盖有卵石层,土地征用条件较好,适合建设大型机械化矿井。拟选工业场地周边地形见图 1-2-2。

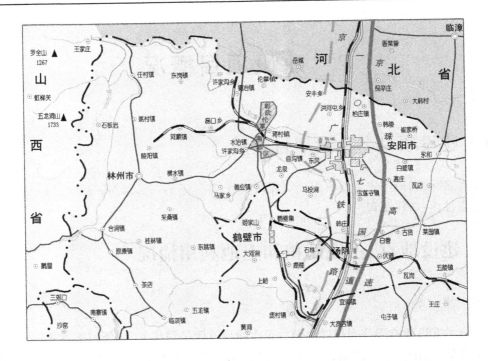

图 1-2-1　井田地理交通位置

图 1-2-2　拟选工业场地周边地形

2.3　建设规模及实施意见

2.3.1　矿井设计生产能力、服务年限

2.3.1.1　设计生产能力

　　矿井设计生产能力受资源条件、外部建设条件、市场供需情况、开采条件、技术装备、煤层及工作面生产潜力与经济效益等因素的影响。根据可研报告,矿井可采储量为

13 296万 t,设计生产能力为 1.80 Mt／a。

2.3.1.2　服务年限

根据可采储量和推荐的矿井生产能力,考虑 1.4 的储量备用系数,矿井设计服务年限为 52.8 a。其中,双全井田 42.8 a,后备区 10.0 a。

2.3.2　建设工期

矿井施工准备工期约需 6 个月。计划矿井投产工期为 45 个月,竣工工期为 52 个月。预计竣工 1 年后可达到矿井设计生产能力。

2.3.3　劳动定员及劳动效率

根据《煤炭工业矿井设计规范》(GB 50215—2005),结合本矿井的实际情况,本着建设高产高效的现代化矿井的需要,估算全矿区在籍总人数 1 614 人,其中矿井在籍总人数 1 489 人,铁路专用线 35 人,洗煤厂 90 人。矿井人员中,原煤生产人员 977 人,服务人员 78 人,其他人员 48 人。经排岗计算,全员工效 5.58 t／工,生产工人工效 6.13 t／工,矿井年工作日 330 d。

2.4　矿井概况

2.4.1　井田境界

河南华安煤业有限公司煤矿位于彰武—伦掌南部勘探区,井田范围由河南省国土资源厅划定的 18 个坐标点依次连接圈定,详见表 1-2-1。

表 1-2-1　井田边界拐点坐标一览

拐点	地理坐标		直角坐标	
	东经	北纬	经距(Y)	纬距(X)
1	114°08′45″	36°12′35″	4 008 895	38 513 114
2	114°09′16″	36°11′58″	4 007 755	38 513 890
3	114°09′14″	36°11′00″	4 005 967	38 513 843
4	114°07′34″	36°09′02″	4 002 327	38 511 349
5	114°07′01″	36°06′47″	3 998 165	38 510 529
6	114°09′13″	36°05′44″	3 996 227	38 513 834
7	114°08′13″	36°05′20″	3 995 485	38 512 334
8	114°06′45″	36°05′08″	3 995 113	38 510 133
9	114°06′45″	36°06′00″	3 996 715	38 510 131
10	114°06′05″	36°06′05″	3 996 868	38 509 130
11	114°05′13″	36°06′19″	3 997 299	38 507 829

拐点	地理坐标		直角坐标	
	东经	北纬	经距(Y)	纬距(X)
12	114°04′25″	36°06′22″	3 997 390	38 506 628
13	114°06′06″	36°08′14″	4 000 845	38 509 151
14	114°06′50″	36°08′45″	4 001 801	38 510 250
15	114°06′26″	36°09′09″	4 002 540	38 509 649
16	114°05′57″	36°09′22″	4 002 940	38 508 924
17	114°06′44″	36°10′37″	4 005 253	38 510 096
18	114°06′54″	36°12′33″	4 008 829	38 510 342

井田西部、西南部、南部分别与大众煤矿、果园煤矿、龙山煤矿、王家岭煤矿相邻;南北走向长约 13.75 km,东西倾向宽 1.00 ~ 4.00 km,面积 40.12 km²,详见周边井田境界示意图 1-2-3。

井田范围内目前没有生产矿井,与其毗邻的生产矿井有位于其西部的林县大众煤矿、果园煤矿、龙山煤矿和位于后备区南部的王家岭煤矿。

2.4.2 矿井资源储量

2.4.2.1 矿井地质资源量

根据可研报告,矿井资源储量 34 913 万 t,其中查明矿产资源储量(121b) + (122b) + (333)总计 25 100 万 t,预测的资源量(334)?("?"指该储量的经济意义是未定的)9 813 万 t。其中:

(1)双全井田查明矿产资源(二₁煤层)储量总量为 18 661 万 t,潜在矿产资源(一¹₁煤层)预测的资源量(334)? 2 295 万 t。

(2)后备区查明矿产资源(二₁煤层)储量总量为 6 439 万 t,潜在矿产资源量(334)? 7 518 万 t。

2.4.2.2 矿井工业资源储量

矿井工业资源储量为(121b) + (122b) + (333) × k 类储量之和,本矿井二₁煤层属较稳定煤层,井田构造复杂程度中等,可信度系数 k 取 0.8,则矿井工业资源储量为 9 326 + 15 774 × 0.8 = 21 945(万 t)。工业资源储量按区域划分,双全井田为 16 794 万 t,后备区为 5 151 万 t。

2.4.2.3 矿井设计资源储量

矿井设计资源储量为 19 068 万 t。

2.4.2.4 矿井设计可采储量

矿井设计可采储量为 13 296 万 t。

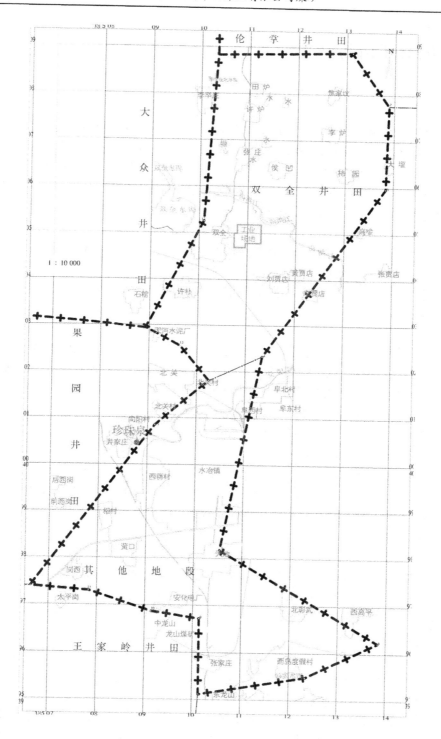

图 1-2-3 周边井田境界示意图

2.5　井田开拓与开采

2.5.1　井田开拓

井田为全隐蔽式煤田,煤层埋藏较深,煤层倾角平缓,采用立井开拓方式。

井筒位于双全村东侧约 400 m 处,地面自然标高 + 137 m,覆盖层厚度 7.65 ~ 13.3 m,落底水平 - 840 m,井底车场位于二$_1$煤层底板砂岩中,上距煤层 20 m 左右,井筒落底后分别向北和向南开拓 - 840 m 水平大巷。主井采用上提式装载,井筒深度 978.5 m。全井田以 - 840 m 水平为主上、下山开采。先期开采区段划分为 6 个采区,其中 3 个上山采区,3 个下山采区。首采区位于井筒附近 - 840 m 水平以上、双全村两侧,两个采区保产,工业广场内设主、副两个井筒,初期在双全村西南约 200 m 处设南风井,初期采用中央分列式通风。后期在井田北部李辛庄南 200 m 处设北风井。后期开拓井田南部的后备区时,在天池村西 200 m 处设后备区进风井和后备区回风井。

2.5.2　井田开采

井田开采分为首采区和后期其他开采地段。首采区位于双全井田,后期其他开采地段位于双全井田的南部。后期其他开采地段内南部有彰武水库,本矿井对彰武水库留设了 1 200 m 的保护煤柱。井田开拓方式平面图见图 1-2-4。

2.5.2.1　首采区位置选择

根据本矿井煤层赋存条件、地质构造及开采技术条件,确定将两个首采区布置靠近井筒两侧的南 1 采区和北 2 采区。

南 1 采区位于 DF41 断层以南,南至井田南部边界,东至二$_1$煤层 - 840 m 底板等高线,西至井田浅部边界,南北走向长 0.5 ~ 2.0 km,东西倾斜宽约 1.5 km,面积约 2.4 km^2。二$_1$煤平均厚 6.47 m,估算南 1 采区可采储量为 2 010 万 t,采区生产能力按 0.9 Mt/a 计算,服务年限为 16.0a。

北 2 采区位于双全村煤柱以北,北至 D28 勘探线附近,东至二$_1$煤层 - 840 m 底板等高线,西至井田浅部边界,为一单翼采区,南北走向长 1.1 km,东西倾斜宽 1.0 ~ 1.5 km,面积约 1.2 km^2。二$_1$煤平均厚 6.47 m,估算北 2 采区可采储量为 1 025 万 t,采区生产能力按 0.9 Mt/a 计算,服务年限为 8.1 a。

2.5.2.2　采区巷道布置

根据矿井开拓布置,采区煤炭运输方式为胶带输送机运输,在采区布置胶带运输上山、轨道上山和回风上山。初期投产南 1 采区和北 2 采区均为单翼采区,南 1 采区上山位于采区北部,三条上山沿 F41 断层煤柱边布置,胶带运输上山和轨道运输上山位于同一层位。轨道上山通过下部车场和 - 840 m 水平南翼轨道运输大巷相连,胶带运输上山通过下部平巷与 - 840 m 水平南翼胶带运输大巷搭接,回风上山上部与 - 650 m 水平回风巷道相连。北二采区三条上山沿工业广场和双全村煤柱边缘布置。

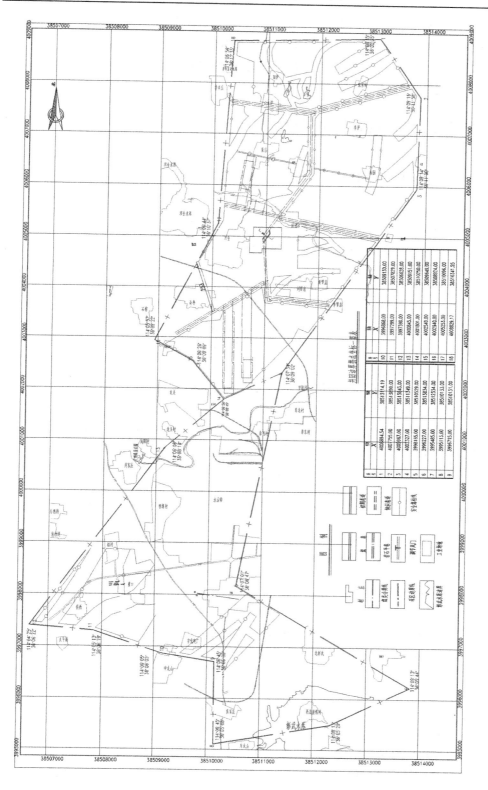

图1-2-4 井田开拓方式平面图

回采巷道布置方式采用在煤层底板中布置岩石集中巷,首先通过上、下岩石集中巷对顺槽和开切眼进行瓦斯预抽,在岩石集中巷中每隔200 m通过斜巷与顺槽联系。

矿井为有煤与瓦斯突出矿井,采煤方法采用走向长壁后退式开采,分层开采,采煤工艺为综合机械化开采。

2.6 工业场地布置及地面生产系统

2.6.1 工业场地平面布置

2.6.1.1 总平面布置

工业场地位于双全村的东侧,东北面约300 m为汾洪江,其正南1.30 km处有伦掌—水冶公路、石涧—水冶煤矿铁路专用线穿过,交通便利。

工业场地共分四个区:一是位于矿井中东部的行政福利区,其内布置有办公楼、联合建筑、食堂及单身楼等;二是位于矿井中西部的主副井生产区,其内布置有主、副井井口房、副井车场等;三是位于矿井东北部的辅助生产区,其内布置有压风机房、机修车间、材料库等;四是位于西南部的选煤生产区,其内布置有准轨站场、选煤车间、原煤仓、成品煤仓及地销煤储煤场等。矿井工业场地平面布置图见图1-2-5。

2.6.1.2 其他工业场地布置

(1)矸石场地:矿井矸石(包括井下矸石及洗矸)主要用于综合利用,只在工业场地的东面设置临时排矸堆放场地,占地约4.49 hm²。

(2)回风井场地(含瓦斯抽放黄泥灌浆):该场地位于双全村南部200 m的农田内,北距姬红公路70 m,交通方便,占地约1.62 hm²。

(3)火药库:工业场地及附近村庄密集,故火药库位置选择十分困难,经各方面权衡,该矿井不建火药库,而是由水冶火药库将所需炸药直接运至井口,存于井下爆炸材料库。

(4)救护队:为最大限度地减轻井下突发事故所造成的危害,在矿井工业场地内设不脱产救护小队三个,且配备足够数量的救护器材和设备,以备急用。

2.6.2 地面生产系统

2.6.2.1 主井地面生产系统

采区来煤通过胶带输送机运输,卸入井底煤仓。井底煤仓下口设两台甲带式给煤机,分别通过两条胶带输送机、两台立井箕斗计量装载设备向一对16 t立井四绳提煤箕斗给料。立井箕斗计量装载设备配有液压测重定量系统。

煤炭提出地面后,通过外动力卸载装置打开箕斗闸门,由活动接煤板将煤卸入井口接受仓。接受仓上口设铁篦子,以控制超大块物料及杂物入仓。仓内设煤位信号,以对接受仓中煤位进行监控。接受仓下设两台JDG/4/P/B – I型甲带式给煤机。通过给煤机给煤,将煤送入1#胶带输送机,进入选煤厂洗选。

2.6.2.2 副井生产系统

副井主要担负井下岩巷掘进矸石、脏杂煤的提升,材料下井以及人员、设备的升降。

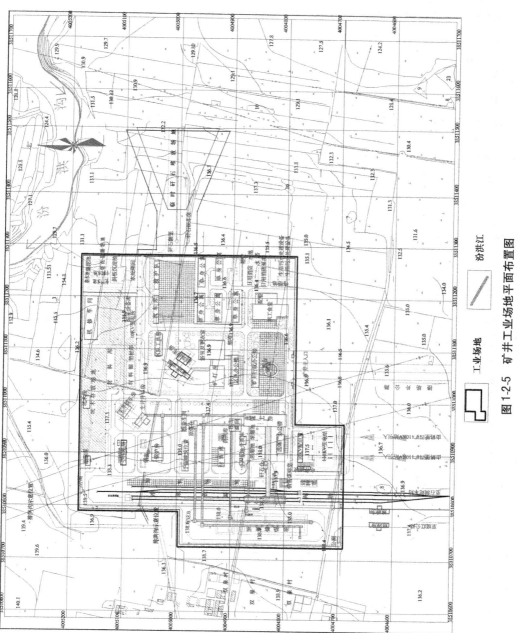

图 1-2-5　矿井工业场地平面布置图

副井井筒直径6.5 m,内装备一个 GDG1.5/6/2/4k 宽罐和一个 GDG1.5/6/2/4 窄罐。井上、下采用一个水平进出车和双层上、下人员的提升方式。

2.6.2.3　矸石系统

本矿不设永久性矸石山,井下掘进矸石主要用于充填塌陷区及造地复田或综合利用。在开采初期塌陷区未完全形成之前设矸石中转场地,地点选在工业广场东侧,占地约4.49 hm²。储矸石量约 70 万 t。

2.6.2.4　辅助设施

矿井设矿井修理车间,主要承担矿井机电设备的日常检修和维护,矿车、单体液压支柱及拱形金属支架等材料性设备的修理。矿井修理车间尺寸 84 m×24 m,设一台起重量为 20/5 t 的桥式起重机用于综采设备的吊装;设一台起重量为 5 t 的电动单梁起重机用于检修设备的起吊。矿井修理间设备按井型标准配备。

矿井设坑木加工房,主要承担矿井坑木材料的制作加工工作。坑木加工房尺寸 24 m ×12 m,设备按照标准配备。

2.7　建设项目业主提出的取用水方案

2.7.1　取水方案

根据项目可研报告及可研报告评审意见,煤矿生活及消防用水采用疏干排水,生产用水取自处理后的矿井排水。矿井正常取水量为 546.68 m³/h(13 120.32 m³/d),年取水量 478.89 万 m³。矿井初期采用一级排水系统,在 −840 m 水平井底车场附近建立主排水泵房,将矿井涌水沿副井井筒直接排到地面。

2.7.2　用水方案

矿井排水经过处理后作为矿井和洗煤厂生产用水,另外疏干排水作为矿井生活及消防用水。根据可研报告,煤矿供水范围为矿井生产、生活用水及消防用水,总用水量为 3 888.78 m³/d,其中消防用水量为 810.0 m³(一次性补充备用);正常生产和生活总用水量 3 078.78 m³/d,年正常用水量 105.4 万 m³。矿井用水量根据矿井人数及生产、生活需水量计算,结果见表 1-2-2。

表 1-2-2　矿井用水量

序号	用水项目	用水人数		用水标准	用水量				备注
		一昼夜	最大班		一昼夜 (m³/d)	小时不平衡系数	最大时 (m³/h)	计算流量 (L/s)	
一	生活用水量								
1	职工生活用水			40 L/(人·班)	53.2	2.5	8	2.22	包括洗煤厂

续表 1-2-2

序号	用水项目	用水人数		用水标准	用水量				备注
		一昼夜	最大班		一昼夜（m³/d）	小时不平衡系数	最大时（m³/h）	计算流量（L/s）	
2	浴池用水			$S=$ 60 m²；水深 0.7 m	126		21	5.38	2 h 充水
3	淋浴器及洗脸盆	90 个；13 个		540 L/个（淋浴器）；100 L/个（洗脸盆）	149.70	1.0	49.9	13.86	包括洗煤厂
4	洗衣用水				83.28	1.5	10.41	2.89	井下工人
5	锅炉补水				96		6	1.67	包括洗煤厂
6	空压机补水				288		18	5	包括洗煤厂
7	食堂用水				66.50	1.5	8.31	2.31	包括洗煤厂
8	单身宿舍用水				126.2	2.5	13.15	3.65	
9	小计				988.88		134.77	37.43	
10	未预见水量				98.9		4.12	1.14	10%
11	合计				1 087.78		138.89	38.58	
二	生产用水量								
12	井下洒水防尘				900		64.29	17.86	
13	地面防尘及绿化				150		10.71	2.98	
14	洗煤厂生产用水				760		54.29	15.08	
15	小计				1 810		129.29	35.92	
16	未预见水量				181		7.54	2.09	10%
17	合计				1 991		136.83	38.01	
三	总用水量								
18	总计				3 078.78		275.72	76.59	
四	消防用水量								
19	地面消防水量				648		108	30	火灾延续时间 6 h
20	井下消防水量				162		27	7.5	火灾延续时间 2 h

2.8　建设项目业主提出的退水方案

本项目在正常生产情况下,部分矿井疏干排水经过处理作为矿井生产、生活用水,其他剩余水达标进入矿区北侧的伦掌镇谷驼电站下游的跃进渠东干渠灌区,全部由安阳县跃进渠灌区管理局调度分配,不外排进入下游河道及水功能区。

生活污水通过排水管道收集在一起,经过一体化地埋式生活污水综合处理设备处理,达到《污水综合排放标准》(GB 8978—1996)一级排放标准后回用于选煤厂用水。

3 区域水资源状况及其开发利用分析

3.1 基本概况

3.1.1 地理位置

井田位于河南省安阳市西部,鹤壁市北部。地理坐标为东经 114°04′25″ ~ 114°09′16″,北纬36°05′08″ ~ 36°12′35″。

3.1.2 地形地貌

安阳县境地处太行山脉向华北平原过渡地带,地势西北高、东南低。海拔 54.5 ~ 674 m,全县分山地、丘陵、平原和凹地四种类型。

本井田位于太行山东麓,为丘陵向平原的过渡地带,地势北、南两面高,中间低;西高东低,局部地表侵蚀切割强烈;地面高程 111.7 ~ 239.7 m,相对高差 128 m,地面坡降 7% 左右。

3.1.3 气象

本区属暖温带大陆性季风性气候,四季分明,春季多风干燥,夏季炎热多雨,秋季温凉湿润,冬季寒冷多风。最高气温 41.5 ℃,最低气温 −17.3 ℃,年平均气温 14.1 ℃。区域多年平均降水量为 631.9 mm,年最大降水量 1 170.9 mm(1963 年),是年最小降水量 308.0 mm(1997 年)的 3.8 倍。汛期降水集中,多年平均汛期 4 个月降水量 474.0 mm,占全年降水量的 74%;非汛期 8 个月的降水量 157.9 mm,占全年降水量的 26%。尤其年初 1 月、2 月和年末 12 月降水量更少,多年平均 18.4 mm,有些年份甚至滴雨未下。最大冻土深度为 18 cm。多年平均蒸发量 1 178.01 mm,4 ~ 8 月的蒸发量均超过 10%,其中 5 月、6 月蒸发量占全年蒸发量的 12.7% ~ 16.0%。

该地区最大风速 15 m/s,春季以偏南风为多,冬季则以偏北风为主;全年各风向平均风速为 1.7 ~ 3.0 m/s,多年平均风速在 2.1 m/s 左右。

3.1.4 河流水系

3.1.4.1 水系

井田属海河流域卫河水系,汾洪江从井田的中部通过,汾洪江发源于井田外的老爷山,流经双全水库,于东麻水村汇入安阳河。跃进渠东干渠从井田边界外北侧自西向东通过。主要水库为与本井田相邻的双全水库和与井田后备区部分重叠的彰武水库,见图 1-3-1。

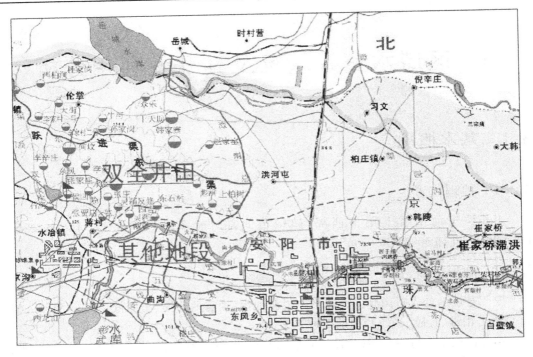

图 1-3-1　区域水系图

(1)汾洪江:河深 7.5 m,流量 0.24 m³/s,比降 1/140,平均底宽 65 m,平均口宽 125 m,汾洪江水体的功能主要为农灌和工业用水。

(2)安阳县跃进渠:发源于林县(现为林州市)任村公社(现为任村镇)古城村西猴头山下,引漳水经林县古城,小王庄和河北省涉县槐丰村进入安阳县。跃进渠主体工程有总干渠、南干渠、东干渠,全长 147 km,支渠 36 条,长 258 km。干渠隧洞 149 个,全长 37.6 km,建桥、闸、渡槽等建筑物 681 座。其中,大型渡槽 17 座。灌区建有配套支、斗渠 252 条,全长 470 km。蓄水库塘 378 座,总蓄水能力 4 600 万 m³,兴利库容 2 763 万 m³。灌区控制面积 544 km²,设计灌溉面积 30.5 万亩。灌区涉及安阳县西部 11 个乡(镇)和外省县 19 个村。

3.1.4.2　水库

(1)彰武水库:位于北彰武村,水库总库容为 7 830 万 m³,控制流域面积为 120 km²,多年平均年径流量为 24 500 万 m³,彰武水库的主要供水渠包括万金渠、五八渠和胜利渠,供水对象有安阳市区(郊)以及安阳县西南部的工农业用水。

(2)双全水库:位于安阳县蒋村乡洹河支流汾洪江上,水库总库容 1 819 万 m³,控制流域面积 171 km²,多年平均年径流量 1 080 万 m³。该库主要起局部防洪作用和拦蓄洪水,然后逐渐排入洹河供下游利用,基本上不直接供水。

(3)珍珠泉:在河南省安阳县城西 20 km 的水冶镇西,是水冶镇重要的供水水源,主要由马蹄泉、拔剑泉、卧龙泉等 8 泉组成,珍珠泉泉域系统面积 299.2 km²,现状泉水涌水量 1.48 m³/s,珍珠泉景区已开辟为珍珠泉公园。

3.1.5　社会经济概况

分析区位于安阳县西部,包括水冶镇、铜冶镇、善应镇、曲沟镇、蒋村乡、伦掌镇、都里乡、磊口乡、许家沟乡、马家乡、安丰乡、洪河屯乡 12 个乡(镇),面积约 733 km²,总人口42.5 万人。本区南东距安阳市约 30 km,南距水冶镇约 7 km,安(阳)—林(州)铁路于矿区南部边界通过,该矿井设有铁路专用线与安(阳)—林(州)铁路接轨。安阳—积善公路于矿区西部外围通过,区内乡间公路纵横成网,交通便利。

分析区位于西部山丘地区,自然旅游资源和宗教文化旅游资源较为集中。比较著名的有珍珠泉、小南海泉、小南海原始人洞穴遗址等。区域内矿产资源丰富,已发现的矿种有 30 多种,铁矿石、石英砂、高岭土、白云石、煤炭等储量较大,西部有红岭、大众等多个生产矿井。这些矿产资源为当地的煤炭工业、电力工业、钢铁冶炼业、建材业和化肥生产提供了充足的原料。该区域农业为一年两熟制,主要农作物为小麦、玉米,经济作物主要有棉花、花生,2009 年粮食总产量约 27 万 t,工业增加产值约 68.1 亿元。

3.2　水资源状况

3.2.1　降水量

根据河南省水资源调查评价成果,分析区多年平均降水量 631.9 mm,$P = 50\%$ 保证率年降水量为 602.9 mm,$P = 75\%$ 保证率年降水量为 491.3 mm,$P = 95\%$ 保证率年降水量为420.5 mm,$P = 97\%$ 保证率年降水量为 361.4 mm。

该区域降水时空分布不均,年际之间差别较大。根据多年降水量系列分析,多年平均降水量 631.9 mm,最大降水量 1 170.9 mm(1963 年),最小降水量 308.0 mm(1997 年),汛期降水集中,多年平均汛期 4 个月降水量 474.0 mm,占全年降水量的 74%。分析区内冬春降水量极少,极易发生旱灾。

3.2.2　水资源量

3.2.2.1　河川径流资源量

根据安阳水文站长系列观测资料及各项引、用水的调查资料,分析区多年平均径流量为 10 691 万 m³,折合径流深 139.8 mm,年径流系数 0.22。

分析区属灰岩山区,泉域较发育,区内有小南海泉和珍珠泉,河川径流量相对丰富。根据多年资料系列分析,该区域连续最大 4 个月径流量发生在 7 ~ 10 月,径流量 6 033 万m³,占年径流量的 50.6%。

3.2.2.2　地下水资源量

根据河南省水资源调查评价成果,分析区多年平均地下水资源量为 9 251 万 m³,地下水资源模数为 11.28 万 m³/ km²。地下水可开采量为 7 863 万 m³,可开采模数为 9.92 万m³/ km²。

3.2.2.3 水资源总量

分析区多年平均地表水资源量为 10 691 万 m^3,地下水资源量为 9 251 万 m^3,地表水资源和地下水资源重复计算量为 3 707 万 m^3,区域水资源总量为 16 235 万 m^3。

3.3 水资源开发利用现状分析

3.3.1 供水工程情况

供水工程以供水水源分地表水源供水工程和地下水源供水工程。地表水源供水工程主要有蓄水工程、引水工程和提水工程;地下水源供水工程主要以机电井开采为主,按开采的地下水类型又可划分为浅层水(潜水)和中深层水(承压水)。现根据区域具体情况分述如下。

3.3.1.1 蓄水工程

小南海水库属区域内也是安阳市内唯一的大型水库,位于洹河上游安阳市区以西 35 km 处的后驼村,水库总库容 10 750 万 m^3,控制流域面积 850 km^2。库区存在严重的渗漏问题,虽经多次工程处理后有明显改善,但目前尚未彻底解决。该水库不直接供水,而是与下游彰武水库联合运用,通过彰武水库主要向安阳市郊区和安阳县供工农业用水供水。

区内主要有中型水库 2 座,分别为彰武水库、双全水库。彰武水库总库容 7 830 万 m^3,兴利库容 2 755 万 m^3,主要接纳小南海泉水,控制汇水面积 120 km^2,现为安阳市工农业重要供水水源。双全水库位于安阳县蒋村乡洹河支流汾洪江上,水库总库容 1 819 万 m^3,控制流域面积 171 km^2,多年平均年径流量 1 080 万 m^3。该库主要起局部防洪作用和拦蓄洪水,然后逐渐排入洹河供下游利用,基本上不直接供水。

区内有小水库 78 座,蓄水池 300 座,蓄水库容 4 745 万 m^3,其中兴利库容 1 633 万 m^3。

3.3.1.2 引提水工程

跃进渠引水工程位于河南省安阳县西部丘陵区,渠首在浊漳河右岸古城村西,设计引水量 15 m^3/s,灌区控制面积 544 km^2。引漳灌溉面积 30.5 万亩,涉及安阳县 11 个乡(镇)。

3.3.1.3 地下水取水工程

区内地下水开采工程主要是乡(镇)企业自备井和少量的农村生活取水井。其中,中深层地下水(中生代碎屑岩类孔隙裂隙潜水及承压水)主要取自乡(镇)企业自备井,浅层地下水(第四系松散岩类孔隙及孔隙裂隙潜水)主要用于农村生活用水和部分乡(镇)企业自备井。此外,还有一定数量的煤矿抽排地下水,包括大众煤矿、红岭煤矿、主焦煤矿及辛庄煤矿等。

3.3.2 区域供用水情况

3.3.2.1 地表水供水量

根据 2005 ~ 2009 年供用水资料统计,现状年平均地表水供水量 9 285 万 m^3。蓄水工程年平均供水量 632 万 m³（主要为小型蓄水工程供水），引水工程年平均供水量 8 414 万 m³（其中引漳河水 8 524 万 m³），提水工程年平均供水量 238 万 m³（见表 1-3-1）。地表水源供水量占总供水量的 59.85%。

表 1-3-1　2005～2009 年区域供水量统计　　　　　　（单位：万 m³）

| 年份 | 蓄水 | 引水 | 提水 | 合计 | 地下水开采量 | | 矿井排水 | 合计 |
					浅层地下水	中深层地下水		
2005	582	5 351	190	6 123	1 447	639		12 209
2006	550	10 481	272	11 303	1 475	681		17 459
2007	608	11 222	246	12 076	1 561	720	4 000	18 357
2008	632	9 414	345	10 391	1 566	739		16 696
2009	789	5 604	138	6 531	1 573	745		12 849
平均	632	8 415	238	9 285	1 524	705	4 000	15 514

3.3.2.2　地下水供水量

2005～2009 年区内乡（镇）企业自备井平均开采中深层地下水 705 万 m³，乡（镇）企业自备井和农村生活用水平均开采浅层地下水量 1 524 万 m³，矿井排水量平均 4 000 万 m³。地下水源供水量占总供水量的 40.15%（见表 1-3-1）。

3.3.2.3　区域用水量

2005～2009 年平均农林灌溉用水量 9 808 万 m³，占总用水量的 76.88%，说明农业仍是区域内的用水大户；乡（镇）工业年平均用水量 1 940 m³，占总用水量的 15.21%；农村生活年平均用水量 1 010 万 m³，占 7.92%（见表 1-3-2）。

表 1-3-2　2005～2009 年区域用水量统计　　　　　　（单位：万 m³）

年份	农业	工业	生活	合计
2005	5 473	1 799	937	8 209
2006	10 622	1 832	1 005	13 459
2007	11 396	1 945	1 016	14 357
2008	9 641	1 974	1 081	12 696
2009	11 907	2 148	1 013	15 068
平均	9 808	1 940	1 010	12 758

3.3.3　区域内水资源开发利用程度分析

2005～2009 年当地地表水资源平均利用总量 7 444 万 m³（包括向下游平原区供水量）。其中，大型蓄水工程年平均供水量 4 968 万 m³，小型蓄水工程年平均供水量 632 万 m³，沿河年平均提水量 238 万 m³。地下水开采总量 6 229 万 m³，其中浅层地下水年平均开采量 5 534 万 m^3,中深层地下水年平均开采量 695 万 m^3,矿井年平均排水量 4 000 万 m^3(见表 1-3-3)。

表 1-3-3　2005～2009 年当地水资源利用量成果　　(单位:万 m^3)

年份	大型水库供水	小型水库供水	河道提水	当地地表水利用总量	自备井开采地下水	矿井排水	地下水利用总量
2005	4 846	582	190	7 623	2 086		6 086
2006	5 496	550	272	8 324	2 156		6 156
2007	4 991	608	246	7 852	2 281	4 000	6 281
2008	4 336	632	345	7 321	2 305		6 305
2009	5 172	789	138	6 099	2 318		6 318
平均	4 968	632	238	7 444	2 229	4 000	6 229

2005～2009 年当地地表水资源平均利用量 7 444 万 m^3,相当于区域多年平均地表水资源量的 69.6%,开发利用率比较高;地下水年平均开采量 6 229 万 m^3,占区域内多年地下水资源可采量的 79.22%,开发利用程度较高(地下水利用量统计的矿井排水主要为深层地下水,地下水资源量统计的主要是浅层地下水和中深层地下水)。其中,矿井排水大多被处理达标后再次利用。因此,区域内地下水开采利用主要是浅层地下水。具体见表 1-3-4。

表 1-3-4　区域水资源利用率分析　　(单位:万 m^3)

年份	地表水利用总量	多年平均地表水资源量	地表水资源利用率(%)	地下水利用量	地下水可开采量	地下水资源利用率(%)
2005	7 623	10 691	63.9	6 086	7 863	77.40
2006	8 324	10 691	69.8	6 156	7 863	78.29
2007	7 852	10 691	65.9	6 281	7 863	79.88
2008	7 321	10 691	61.4	6 305	7 863	80.19
2009	6 099	10 691	57.0	6 318	7 863	80.35
平均	7 444	10 691	69.6	6 229	7 863	79.22

3.4　区域水资源开发利用存在的主要问题

3.4.1　区域水资源较贫乏

区域多年平均降水量 631.9 mm,区域水资源总量 16 235 万 m^3。人均和亩均拥有水资源量均低于全省人均、亩均占有量的平均水平,属于严重缺水地区。

3.4.2 现有水利工程的供水能力下降

由于境外来水量和当地产水量不断减少,很多水利工程被闲置,从而造成了工程老化速度加快和严重失修。另外,由于分析区内采矿企业较多,采矿疏水造成地下水位不断下降,原有机电井的抽水能力逐渐衰减,甚至报废,必须另打更深的机井,导致目前机井越打越多、越打越深和报废的机井数越来越多等现象,增加了农业生产成本和农民的经济负担。同时,存在因工程使用率较低引发的管理松懈和维修费用不足等问题。

3.4.3 污水处理工程不完善

水污染主要来源于区域内工矿企业排放的生产废水和生活污水。企业经济状况较差,导致环保设施老化,不能正常运行。乡(镇)工业发展迅速,不少乡(镇)企业环保意识差,经营粗放,大部分乡镇企业没有建设场内污水处理系统,致使大量工业废水超标排放,污染了下游河流的地表水环境。

分析区内采矿、冶炼企业较多,采矿和冶炼极易环境污染,而且采矿对地下水源毁坏严重。应强化区域环境综合治理工程,加大治污力度,兴建废污水再生利用工程,以水资源的可持续利用支撑当地经济社会的可持续发展。

4　建设项目取用水合理性分析

　　河南华安煤业有限公司煤矿为鹤壁煤电股份有限公司新建矿井,设计生产能力为 1.80 Mt/a。煤矿生活及消防用水采用疏干排水,生产用水取自处理后的矿井排水。矿井正常涌水量为 546.68 m³/h(13 120.32 m³/d),矿井取水量按正常涌水量计算,故本矿井正常取水量为 546.68 m³/h(13 120.32 m³/d),年取水量 478.89 万 m³(按 365 d 计算)。根据项目可行性研究报告,煤矿供水范围为矿井生产、生活用水及消防用水,总用水量为 3 888.78 m³/d,其中消防用水量为 810.0 m³ 一次性备用,正常生产和生活总用水量 3 078.78 m³/d。项目生产用水按 330 d 计算,生活用水按 365 d 计算,矿井年正常用水量 105.4 万 m³。

　　对河南华安煤业有限公司煤矿项目取用水,从以下两个方面分析其取用水的合理性,其一方面是从国家产业政策和安阳市水资源开发利用现状、配置、规划、供水安全等方面分析取水的可能性和合理性;另一方面从本工程的用水工艺和过程着手,按照整体最优,注重节水、减污的原则对各环节用水进行平衡分析计算,进一步提出节水措施和建议。

4.1　取水合理性分析

4.1.1　符合国家产业政策

　　河南华安煤业有限公司煤矿位于河南省安阳市安阳县境内。根据划定井田范围内获得的资源量和煤层赋存条件,本矿井设计生产能力 180 万 t/a,服务年限 52.8 a。工程投产后,从建设规模上属于大型煤矿,符合河南省区域新建、改扩建矿井规模不低于 30 万 t/a 的规定。

　　该煤矿地理位置较好、交通方便,井田内地质构造及水文地质条件中等,储量较丰富,开采煤层赋存较稳定,煤质好,开采技术条件中等,外部建设条件落实可靠,产品市场前景看好。经济评价具有较好的盈利和抗风险能力,各经济技术评价指标满足有关规定。

　　河南华安煤业有限公司煤矿设计生产能力 180 万 t/a,按照高产高效现代化矿井的模式进行设计。依据《产业结构调整目录》(2005 年本),本项目属于"鼓励类第三、煤炭类第二,120 万吨/年及以上的高产高效煤矿(含矿井、露天)、高效选煤厂建设",本项目建设符合国家产业政策的要求。根据国家环境保护总局环发〔2002〕26 号关于发布《燃煤二氧化硫排放污染防治技术政策》的规定:"各地不得新建煤层含硫硫份大于 3% 的矿井。"煤矿设计开采二₁煤层。二₁煤煤质以低灰、发热量特高热值、特低硫、特低氯、低磷为主要特征,全硫含量平均为 0.33%,低于 3%。因此,本矿井的建设符合国家相关产业政策、环保政策的规定。

　　从区域位置分析,属于《煤炭产业政策》明确提出的十三个大型煤炭基地的河南基地。河南华安煤业有限公司煤矿地处华北太行山东缘丘陵地形,依据《河南省城市集中式饮用水源保护区划》和《河南省水功能区划报告》,矿区所在位置不属于重要地下水资源补给区和生态环境脆弱区,依据《河南省安阳市地质环境调查报告》,本项目不属于在地质灾害危险区等禁采区内开采煤炭。

河南华安煤业有限公司煤矿属于新建大型煤矿,并配套建设有相应规模的选煤厂,符合在煤矿集中矿区建设群矿选煤厂的国家煤炭产业政策。

从以上诸方面分析,该项目建设符合国家煤炭相关政策。

4.1.2　符合水利产业政策

安阳市为河南省主要工业区,国民经济基础较强,工业经济发展起步较早。矿区地处豫北工业重地安阳市,矿区与鹤壁相邻,区域煤炭需求量大,主要用煤大户有安阳和鹤壁的电厂、安阳化肥厂、安阳钢铁厂等大中型企业。矿区交通运输方便,原煤还可以通过公路、铁路远销外省,其市场十分广阔。河南华安煤业有限公司煤矿主采煤层二$_1$煤,为低灰、特低硫、高发热量优质动力煤和配焦煤,是发电、化工、冶金、建材行业的理想燃料,可作为火力发电用煤、动力用煤及居民生活用煤;并且部分煤源洗选后可作为炼焦用煤,销售市场非常广阔。煤矿建成投产无疑对当地工业企业提供能源重要支撑,对支持社会主义新农村建设和安阳市国民经济发展将会有重大积极作用。

由于矿井排水是采煤的副产品,只要矿井采煤,就必然有矿井水排出。矿坑排水是一种变废为宝、综合开发利用的再生资源,是国家提倡利用的再生水资源。随着经济的发展,用水危机日益加剧,开发利用矿坑排水,实现煤废水资源化,提高矿坑排水的利用率是保护水资源的重要举措。同时,对于缓解水资源紧缺状况,保护生态环境,改善水资源质量,促进经济可持续发展具有极其重要的战略意义和显著的经济效益、社会效益、生态效益。

河南华安煤业有限公司煤矿以矿井排水作为取水水源,提高了煤矿排水的综合利用率,减少了矿井排水对当地的排泄量。同时,将处理后的矿井水进入伦掌镇谷驼电站下游跃进渠东干渠灌区,由安阳县跃进渠灌区管理局统一调配用于灌区灌溉,这样不仅减小了对当地第四系地下水的过量开采,而且充分利用了矿井生产过程中的矿井水。上述属于合理开发利用煤矿排水再生资源,节约水资源和保护当地水环境的重要措施。因此,建设项目规划的取水方案符合国家《水利产业政策》,取水是合理的。

4.2　用水合理性分析

4.2.1　用水种类

河南华安煤业有限公司煤矿用水主要包括厂区职工生活用水和生产用水,厂区职工生活用水主要指保证职工安全生产与身体健康等附属用水,用水项目包括职工办公设施、食堂、浴室、洗衣、单身宿舍用水、锅炉补水等;生产用水包括井下洒水防尘、洗煤厂生产用水、地面防尘及绿化用水等。同时还有消防用水。

4.2.2　给水排水系统

4.2.2.1　矿井给水系统

矿井及洗煤厂用水采用分质、分量供水。

1. 生活、消防用水供水方式

生活、消防用水供水流程见图 1-4-1。

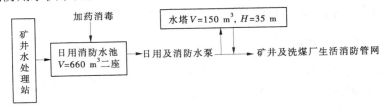

图 1-4-1　生活、消防用水供水流程

2. 生产用水供水方式

该矿井正常排水量 546.68 m³/h(13 120.32 m³/d),年排水量 478.89 万 m³。矿井水处理站设计规模为 800 m³/h。矿井排水经网格反应迷宫斜板沉淀池处理,再通入 CO_2,调节 pH 后作为洗煤厂生产供水水源,再经无阀过滤器和消毒处理作为主、副井工业场地和南风井工业场地生产供水水源。矿井水处理工艺流程如图 1-4-2 所示。

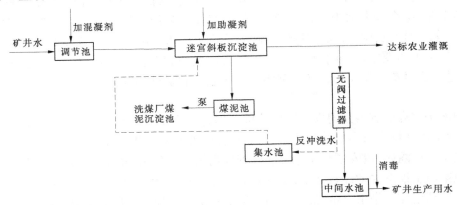

图 1-4-2　矿井水处理工艺流程

3. 室外供水工程

矿井工业场地和洗煤厂消防给水与生活给水共用同一给水管网。为了确保供水安全,生活消防给水管网采用环状布置,共布置 22 套 SS100 - 1.0 消火栓,间距不大于 120 m,靠路边布置。当管径大于或等于 80 mm 时,采用球墨铸铁管,橡胶接口;管径小于 80 mm 时,采用室外埋地涂塑复合钢管,丝扣连接。给水管道沿地形敷设,埋设深度一般为 0.7 ~ 1.0 m。当给水管道与其他管道交叉通过时,给水管道应尽可能敷设在上面。

洗煤厂生产用水由沉淀池出口接管送至洗煤厂生产水池;地面除尘及井下消防洒水等直接由设在地面的生产水池供给。

4.2.2.2 矿井排水系统

1. 矿井排水

该矿井正常排水量 546.68 m³/h(13 120.32 m³/d),年排水量 478.89 万 m³。矿井水处理站设计规模为 800 m³/h。疏干排水作为主、副井工业场地,洗煤厂,南风井工业场地生活、消防供水水源,经处理达标后全部回用于选煤厂用水。矿井排水经网格反应迷宫斜板沉淀池处理,再通入 CO_2,调节 pH 后作为洗煤厂生产供水水源,再经无阀过滤器和消毒处理作为主、副井工业场地和南风井工业场地生产供水水源,多余部分达标排入伦掌镇谷驼电站上游跃进渠东干渠段,由安阳县跃进渠灌区管理局统一调配。

2. 工业场地地面排水

工业场地地面排水采用雨、污分流制。工业场地生产、生活污水主要包括浴室、食堂、卫生间排水,以及矿灯房等生产部门排放的废水等,地面生活排水量为 627.25 m³/d(合 20.70 万 m³/a),主要污染物为 COD、BOD_5、SS 和油类等。生活污水及少量生产废水经室外污水管网汇集后入污水处理站,经两台地埋式一体化生活污水处理设备(单台 $Q = 30$ m³/h)处理,达到《污水综合排放标准》(GB 8978—1996)一级排放标准后用于选煤厂用水。食堂及机修间污水经隔油池处理后排入工业场地下水道,然后排入地埋式污水处理设备处理。雨水由工业场地内排水沟收集排入工业场地北部冲沟内。

生活污水处理工艺流程如图 1-4-3 所示。

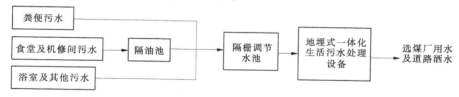

图 1-4-3 生活污水处理工艺流程

4.2.3 设计用水量

根据可研报告,河南华安煤业有限公司煤矿项目各部分设计用水分述如下:

(1)生活用水。包括矿井职工生活用水、食堂用水、浴池用水、洗衣用水、单身宿舍用水、锅炉补充水、淋浴器及洗脸盆用水等,设计生活用水量 1 087.78 m³/d,年用水量 39.7 万 m³。各分项用水量详见表 1-4-1。

(2)生产用水。包括井下洒水防尘用水、地面防尘绿化、洗煤厂生产用水等,设计总用水量 1 991 m³/d,年用水量 65.7 万 m³(含 10% 的未预见水量)。

(3)消防用水。设计用水量为 810.0 m³(一次性补充备用)。

综上所述,矿井设计总用水量为 3 888.78 m³/d,由于消防用水量 810.0 m³ 是一次性补充后备用,正常总用水量(不包括消防用水量)为 3 078.78 m³/d,年正常用水量 105.4 万 m³。其中,生活用水量 1 087.78 m³/d(合 39.7 万 m³/a);生产用水量 1 991 m³/d(合 65.7 万 m³/a),包括洗煤用水 760 m³/d(合 25.08 万 m³/a),井下洒水防尘 900 m³/d(合 29.7 万 m³/a),地面防尘绿化 150 m³/d(合 4.95 万 m³/a)。生活污水排放量 627.25 m³/d(合 20.70 万 m³/a)经过处理后用于选煤厂水。核减前的生产期水量平衡图见图 1-4-4。

表 1-4-1　矿井正常用水量

序号	用水项目		取用新水量		生活用水回用量		总用水量	
			m^3/d	万 m^3/a	m^3/d	万 m^3/a	m^3/d	万 m^3/a
1	矿井生活用水		1 087.78	39.7			1 087.78	39.7
2	生产用水	洗煤用水	132.75	4.38	627.25	20.7	760	25.08
3		地面防尘绿化洒水	150	4.95			150	4.95
4		井下洒水防尘	900	29.7			900	29.7
5		工业用水（含未预见水量）	181	5.97			181	5.97
	总计		2 451.53	84.7	627.25	20.7	3 078.78	105.4

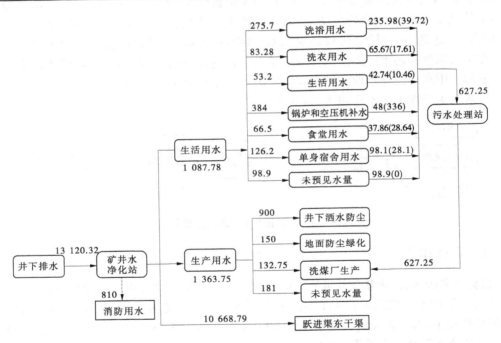

注：消防用水不计入水平衡，括弧中的数据表示损失或消耗水量，单位：m^3/d。

图 1-4-4　核减前的生产期水量平衡图

4.2.4　用水指标

本项目用水指标主要计算单位产品取水量、单位产值取水量、单位产值用水量、重复利用率、新水利用系数和职工生活用水指标。根据《评价企业合理用水技术通则》（GB/T 7119—1996）和《工业用水考核指标及计算方法》（CJ 42—1999），确定该项目用水指标计算公式。

4.2.4.1　单位产品取水量

单位产品取水量指每生产单位数量的工业产品所需要的新水量,其表示形式为

$$V_{uf} = \frac{V_{yf}}{Q}$$

式中:V_{uf}为单位产品取水量,m^3/t;V_{yf}为年总取水量;Q为年生产规模。

4.2.4.2　选煤水重复利用率

选煤水重复利用率计算公式如下:

$$R = \frac{V_r}{V_t}$$

式中:R为选煤水重复利用率(%);V_r为选煤水重复利用水量,包括循环水量、串联用水和回用水;V_t为选煤生产过程用水量。

4.2.4.3　新水利用系数

新水利用系数为在一定的计量时间(年)内,生产过程中使用的新水量与外排水量之差同新水量之比,其表示形式为

$$K_f = \frac{V_f - V_d}{V_f}$$

式中:K_f为新水利用系数;V_f为生产过程中取用的取水量;V_d为生产过程中外排水量。

4.2.4.4　生活用水水平

生活用水水平指每个职工在生产中每天用于生活的取水量,其表示形式为

$$V_{lf} = \frac{V_{ylf}}{n}$$

式中:V_{lf}为厂区职工人均生活日用取水量,$m^3/(人·a)$;V_{ylf}为厂区职工生活日用新水总量,m^3/a;n为职工总人数,人。

本建设项目中用水指标计算如下:

矿井单位产品取水量 $V_{uf}=(84.7-4.38)/180=0.446(m^3/t)$。

选煤单位产品取水量 $V_{uf}=(25.08-20.7)/180=0.024(m^3/t)$,其中20.7万 m^3/a为经处理后回用的生活污废水量回用于选煤厂用水量。

选煤水重复利用率 $R=760/760\times100=100\%$。

新水利用系数 $K_f=3\,078.78/3\,078.78=1$。

人均生活实际用水定额为 $V_{lf}=(39.7-3.6)\times10\,000/1\,614=223.63(m^3/(人·a))$(3.6万 m^3/a为生活用水未预见水量)。

4.2.5　用水水平分析

(1)该项目矿井单位产品取水量为 0.446 m^3/t,略高于《河南省用水定额》(DB41/T 385—2009)规定要求;选煤单位产品取水 0.024 m^3/t,满足《河南省用水定额》(DB41/T 385—2009)规定要求(见表1-4-2)。

表 1-4-2　河南省工业用水定额

行业名称	产品名称	定额单位	定额值	调节系数	备注
煤炭开采业	矿井采煤	m^3/t	0.3	0.8 ~ 1.3	$\geqslant 1.5 \times 10^6$ t/a
	矿井采煤	m^3/t	0.4	0.9 ~ 1.25	$< 1.5 \times 10^6$ t/a
	矿井采煤	m^3/t	3.4	0.9 ~ 1.0	水采
	建井施工	m^3/延米	0.8	0.9 ~ 1.0	
煤炭洗选业	入洗原煤	m^3/t	0.1	0.9 ~ 1.0	

（2）该项目选煤水重复利用率100%，满足国家煤炭采选建设项目行业标准和技术要求规定的对于新（扩、改）选煤企业全矿区水的循环重复利用率大于或等于90%的指标要求。

（3）该项目新水利用系数为1，说明该工程生产过程中系统没有外排水量。

（4）该项目职工生活综合用水 223.63 m^3/（人·a），不符合《河南省用水定额》（DB41/T 385—2009）关于城镇人均综合生活用水量52 ~ 97.5 m^3/（人·a）的指标要求。

4.3　节水潜力与节水措施分析

4.3.1　节水潜力分析

根据对主要用水指标用水水平分析，本项目需在生产和生活用水系统方面加强管理和进行改进。

根据《河南省用水定额》（DB41/T 385—2009），城镇人均综合生活用水量为 52 ~ 97.5 m^3/（人·a），考虑到煤炭行业的特殊性，矿区人均综合生活用水量按 97.5 m^3/（人·a）进行计算，生活用水量为 15.74 万 m^3/a。未预见水量按总用水量的 10% 计算，未预见水量为 1.57 万 m^3/a。核减后的生活用水量为 17.31 万 m^3/a（全年按 365 d 计，则每天用水量 474.25 m^3），较可研减少 19.59 万 m^3/a。

由于生活取水量经核减后减少，经处理后用于生产的循环用水量按比例减少为 273.47 m^3/d，生活用水按 365 d 计算，生产用水按 330 d 计算，项目总用水量减少为 73.99 万 m^3/a。

矿井单位产品取水量为：$V_{uf} = (73.99 - 16.05)/180 = 0.322$（$m^3$/t）（选煤厂取用新水量为 16.05 万 m^3/a）。

选煤单位产品取水量：$V_{uf} = 16.05/180 = 0.089$（$m^3$/t）。

通过优化用水和挖掘节水潜力后，河南华安煤业有限公司煤矿项目核定用水指标为 0.322 m^3/t，满足《河南省用水定额》（DB41/T 385—2009）的规定：当矿井年生产能力大于或等于 1.5×10^6 t/a 时，矿井采煤定额 0.3 m^3/t（调节系数 0.8 ~ 1.3）。选煤单位产品取水 0.089 m^3/t，满足《河南省用水定额》（DB41/T 385—2009）的要求。该项目职工生活综合用水 97.5 m^3/（人·a），符合《河南省用水定额》（DB41/T 385—2009）的规定。

核减后的生产期水量平衡图(见图1-4-5)中,进入跃进渠东干渠灌区的水量是按照生产期每天矿井排水量－每天生活取水量－每天生产取水量计算的,但实际上本矿井生产用水是按330 d考虑,生活用水是按365 d考虑的,因此,本项目年进入跃进渠东干渠灌区水量＝年矿井排水量(按365 d计算)－年生活取水量(按365 d计算)－年生产取水量(按330 d计算)＝13 120.32×365－474.25×365－1 717.53×330＝404.9(万 m³),则平均到每天进入跃进渠东干渠的水量为11 093.15 m³。

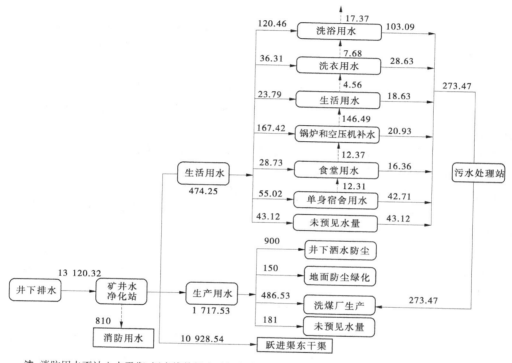

注:消防用水不计入水平衡,短虚线数据表示损失或消耗水量,单位:m³/d。

图中的进入跃进东干渠水量10 928.54 m³/d是按照生产期每天的矿井排水量－每天生活取水量－每天生产取水量计算的,但实际本项目生活用水是按365 d考虑,生产用水按330 d考虑,因此项目年退水量＝年矿井排水量(365 d计算)－年生活取水量(365 d计算)－年生产取水量(330 d计算)＝13 120.32×365－474.25×365－1 717.53×330＝404.9(万 m³),则平均到每天的退水量为11 093.15 m³

图1-4-5　核减后的生产期水量平衡图

4.3.2　节水措施分析

根据水资源保护和节水型社会建设的要求,结合河南省内各大中型煤矿节水措施及效益的基础上,本论证提出针对煤矿的具体节水措施如下:

(1)对于浴室供水,应采用温度自动控制装置及热水循环用水系统,以节省热媒消耗量和节约用水。池浴采用热媒循环加热,以达到节水目的。

(2)对于浴室内的淋浴器选用带脚踏阀的淋浴器,做到人离水停,洗脸盆采用延时自闭式水龙头。

(3)对于设有卫生间的建筑,卫生洁具均选用节水型,如大便器选用延时自闭冲洗阀或感应冲洗阀,小便斗采用电控感应冲洗阀。

（4）对于食堂用水,洗碗池的水龙头选用光控水龙头,做到无人水停,以利于节水。

（5）提高职工的节水意识,强化企业内部的用水管理,加强供水管网及设施的检漏,努力降低供水损失率,提高新水利用率,降低水的排放率。

4.4　建设项目合理取用水量

河南华安煤业有限公司煤矿项目正常涌水量为 546.68 m³/h(13 120.32 m³/d)。矿井取水量按正常涌水量计算,故本矿井正常取水量为 546.68 m³/h (13 120.32 m³/d),年取水量 478.89 万 m³。

本矿井设计正常生产、生活用水量为 3 078.78 m³/d,年用水量 105.4 万 m³（生活用水按 365 d,生产用水按 330 d 计）。其中,生活用水量 1 087.78 m³/d(合 39.7 万 m³/a),生产用水量 1 991 m³/d(合 65.7 万 m³/a)。

根据建设项目取用水合理性分析,经本次分析论证,采取节水措施后,该矿井在正常生产情况下,矿井总用水量为 2 465.25 m³/d,年用水量 83.01 万 m³（生产用水按 330 d,生活用水按 365 d 计）。生产用水量 1 991 m³/d(合 65.7 万 m³/a),生活用水量 474.25 m³/d(合 17.31 万 m³/a),其中生活污水经处理后回用于生产用水量为 273.47 m³/d(合 9.02 万 m³/a),则生产取用新水水量为 1 717.53 m³/d(合 56.68 万 m³/a)。

综上所述,在正常生产情况下,本矿井取水量为 2 191.78 m³/d,包括生产取水量为 1 717.53 m³/d,生活取水量 474.25 m³/d。煤矿全年生产用水按 330 d 计,生活用水按 365 d 计算,则合理年取水量为 73.99 万 m³,见表 1-4-3。

表 1-4-3　核定后的矿井正常用水量

序号	用水项目		取用新水量		生活用水回用量		总用水量	
			m³/d	万 m³/a	m³/d	万 m³/a	m³/d	万 m³/a
1	矿井生活用水		474.25	17.31			474.25	17.31
2	生产用水	洗煤用水	486.53	16.05	273.47	9.02	760	25.08
3		地面防尘绿化	150	4.95			150	4.95
4		井下洒水防尘	900	29.7			900	29.7
5		未预见水量	181	5.97			181	5.97
	总计		2 191.78	73.99	273.47	9.02	2 465.25	83.01

5　建设项目取水水源论证

5.1　水源论证方案

　　根据国家和河南省水资源管理保护的有关要求,结合煤矿和安阳县西部山区水资源及其开发利用现状、项目可研报告和业主单位提出的取用水方案,以及对建设项目取水量分析结果,经调研,矿井排水能够作为该矿井生产和生活取水水源。

5.2　煤矿矿坑水水源论证

5.2.1　井田地质概况

5.2.1.1　井田地层

　　井田大部被第三、四系覆盖,基岩零星出露。区内自下而上发育奥陶系中统峰峰组(O_2f)、石炭系中统本溪组(C_2b)和上统太原组(C_3t)、二叠系下统山西组(P_1sh)和下石盒子组(P_1x)、二叠系上统上石盒子组(P_2s)和石千峰组(P_2sh)、三叠系刘家沟组(T_1l)和和尚沟组(T_1h),新生界新近系、第四系。

　　现由老到新简述如下。

　　1.奥陶系中统峰峰组(O_2f)

　　本组区内没有出露,有4孔揭露该组,其中双全井田有2601、3001两孔揭露该层,最大揭露厚度为75.77 m,由深灰色中厚—厚层状石灰岩、白云质石灰岩、角砾状石灰岩、含白云质石灰岩和角砾状泥质石灰岩组成。

　　2.本溪组(C_2b)

　　本组有4孔揭露该组,厚2.22~18.57 m,平均厚8.40 m;其中双全井田2孔揭露,厚4.02~8.78 m,平均厚6.40 m。底部为古风化壳沉积物,厚度不大,含不规则磁铁矿和褐铁矿结核(山西式铁矿层)。下部为一稳定、厚度较大的灰白色鲕状铝土质泥岩,为一辅助标志层;中部为深灰色泥岩、细粒砂岩、粉砂岩;上部以浅灰色铝质泥岩为主,局部夹砂质泥岩,偶夹一层中细粒砂岩。

　　3.太原组(C_3t)

　　本组下起于本溪组顶,上止于L_{10}石灰岩(或菱铁质泥岩)顶,双全井田厚110.44~115.93 m,平均厚113.19 m。为一套海陆交互相沉积,含10层石灰岩(L_1~L_{10}),含煤11层。该组厚114.54~117.11 m,平均厚115.83 m,主要由泥岩、砂质泥岩、砂岩、石灰岩及煤层组成。按其岩性组合特征可分为下部灰岩段、中部砂泥岩段和上部灰岩段。与下伏本溪组呈整合接触。

4.山西组(P_1sh)

本组下起 L_{10} 石灰岩(菱铁质泥岩)顶,上止砂锅窑砂岩底,厚 63.91~102.20 m,平均厚 83.32 m;其中双全井田厚 63.91~101.20 m,平均厚 83.07 m,为主要含煤建造之一,由砂岩、泥岩、砂质泥岩和煤层组成,含二$_0$、二$_1$、二$_3$ 等 3 层煤,二$_1$煤层稳定,普遍发育且全区可采,为本次勘查对象,也是主要标志层。主要由黑色泥岩、砂质泥岩、砂岩、石英砂岩及煤层组成。本组可分为二$_1$煤段、大占砂岩段、香炭砂岩段和小紫泥岩段。与下伏太原组呈整合接触。

5.下石盒子组(P_1x)

本组下起于砂锅窑砂岩底,上止于田家沟砂岩底,厚 244.74~326.09 m,平均厚 288.00 m;其中双全井田厚 244.74~323.89 m,平均厚 286.28 m,与下伏山西组呈整合接触。主要由砂岩、砂质泥岩、泥岩组成。据其沉积特征可划分为三、四、五、六 4 个煤段。与下伏山西组呈整合接触。

6.上石盒子组(P_2s)

本组下起田家沟砂岩(S_t)底,上止平顶山砂岩(S_p)底,厚 222.91~327.35 m,平均厚 270.50 m;双全井田厚 233.55~327.35 m,平均厚 271.49 m。由暗紫色、紫红色、青灰色泥岩、砂质泥岩及灰白色、灰绿色细—粗粒砂岩组成,偶含七$_2$煤,主要有砂岩、砂质泥岩、泥岩组成。按其岩性特征可分为七、八两个煤段。与下伏地层呈整合接触。

7.石千峰组(P_2sh)

本组由平顶山砂岩段(P_2sh^1)、二段(P_2sh^2)、三段(P_2sh^3)和四段(P_2sh^4)组成,双全井田厚 307.29~406.26 m,平均厚 369.94 m。按其岩性特征可分为平顶山砂岩段、砂泥岩段、泥灰岩段、同生砾岩段。与下伏上石盒子组地层呈整合接触。

8.刘家沟组(T_1l)

本组厚 128.73~150.61 m,平均厚 131.21 m;其中双全井田厚 128.73 m,为紫红色细粒砂岩(俗称"金斗山砂岩"),局部为中粒砂岩,主要成分为石英,具泥质包体,具大型板状交错层理,硅质胶结,夹薄层粉砂岩、砂质泥岩。

本组与下伏石千峰组呈整合接触。

9.和尚沟组(T_1h)

本组最大揭露厚度 113.04 m,为紫红色泥岩、砂质泥岩和粉砂岩,夹细粒砂岩,局部为中粒砂岩,泥岩、砂质泥岩虫孔化石发育,具白色钙质团粒。

本组与下伏刘家沟组呈整合接触。

10.新生界新近系、第四系

本组厚 1.20~105.54 m,平均厚 31.15 m;双全井田平均厚 31.15 m。超覆于上石盒子组、石千峰组、刘家沟组和和尚沟组之上。底部为杂色泥岩、泥质砂岩、粉砂岩及粗粒砂岩,下部为厚层状泥灰岩,中部为灰红、灰黄色黏土、砂质黏土夹粉砂岩及钙质泥岩,上部由河床砾石、卵石、坡积物及表土组成。

5.2.1.2 井田构造

本井田安鹤煤田彰武—伦掌南部勘探区,煤层埋藏总体为西部浅、东部深,总体为地层走向近 NS、倾向近 90°的单斜构造,倾角 3°~34°。地层局部起伏较大,形成多个褶皱,地层走向、倾向、倾角均随之发生较大变化;主要构造形迹为 NNE—NE 向高角度正断层,表现为该方向断层为勘探区边界和井田划分的主要依据,其他方向断层在规模和数量均较小,详见图 1-5-1。

5.2.2　井田水文地质特征

本井田位于太行山隆起地带和华北平原沉降带之间的过渡地段,总的地势是西高东低,地形高差 400 余 m,煤田受山前大断裂及岩浆侵入作用的影响,地层被切割破碎,破坏了含水层的连续性,改变了含水层间固有的水力联系,使煤田水文地质条件复杂化。

在区域上按地下水的含水介质及其空隙性质,可将含水层组划分为新生界松散岩类孔隙含水岩组,二叠系碎屑岩类裂隙含水岩组,石炭系及奥陶系、寒武系碳酸盐类岩溶裂隙含水岩组。

浅层孔隙地下水主要接受大气降水及其地表水补给,水量、水位随季节变化而变化,总体流向为自西流向东南,含水层一般沿河谷及洼地分布,富水性较强。二叠系裂隙承压水补给条件差,富水性弱。深层岩溶裂隙水主要来自太行山区的侧向径流补给,其含水层埋藏深,水压高,富水性强而不均。

区域地下水的补给、径流、排泄规律,主要受构造和含水层岩性组合所控制,西部太行山区寒武—奥陶系灰岩大面积裸露,其岩溶裂隙发育,有利于大气降水及地表水补给,从而构成地下水相对补给区,地下水汇集于山前地带,由于受山前大断层及岩浆侵入体的阻滞作用分流南北,一部分以泉水的形式溢于地表,如珍珠泉群,剩余部分继续向深部运移。井田位于珍珠泉主排泄区的东部,属珍珠泉泉域深部径流区。

本井田位于安鹤煤田东北部,地处太行山隆起带的山前地带,地势西高东低,为一全隐蔽区。该井田地下水主要接受西部太行山区基岩露头处大气降水补给,沿岩层倾向侧向径流至本井田后,继续向深部运移,在遇弱透水岩层阻隔后,形成上升泉排泄于地表。因而本井田位于区域地下水径流区。本井田上覆新生界松散层厚度较大,二₁煤层顶板以上基岩厚度 500~1 500 m,由二叠系下统山西组、下石盒子组和二叠系上统上石盒子组及石千峰组、三叠系下统的一部分组成。二₁煤层底板下伏岩层为石炭系上统太原组、中统本溪组及奥陶系峰峰组、马家沟组岩层(见图 1-5-1)。

5.2.2.1　主要含水层

根据双全井田、"其他地段"岩性、水力性质、空隙特征和富水程度,自上而下分为九个含水层(具体见井田钻孔柱状图 1-5-2 和水文地质剖面图 1-5-3)。

1.新生界孔隙含水层(组)

该层(组)由冲、洪积沉积的砾石构成,分选性差,常被黏土、黏土夹砾石层分隔,呈透镜体状,富水性较强。主要接受大气降水及地表水的补给,水量、水位受季节性降水及地形制约。钻孔冲洗液漏失量为 0~1.00 m³/h,民井单井涌水量 20~1 700 m³/h,一般为 50~90 m³/h;邻区钻孔单位涌水量为 0.02~11.481 L/(s·m),渗透系数为 0.97~6.56 m/d,地下水位 0.5~53.00 m,标高+193.90~+246.40 m,为 HCO_3—Ca、HCO_3·SO_4·Cl—Ca、HCO_3·SO_4—Ca、HCO_3·SO_4—Ca·Na 以及 HCO_3·SO_4—Ca·Mg 型水,矿化度 0.25~0.98 g/L,pH 为 7.1~7.5。

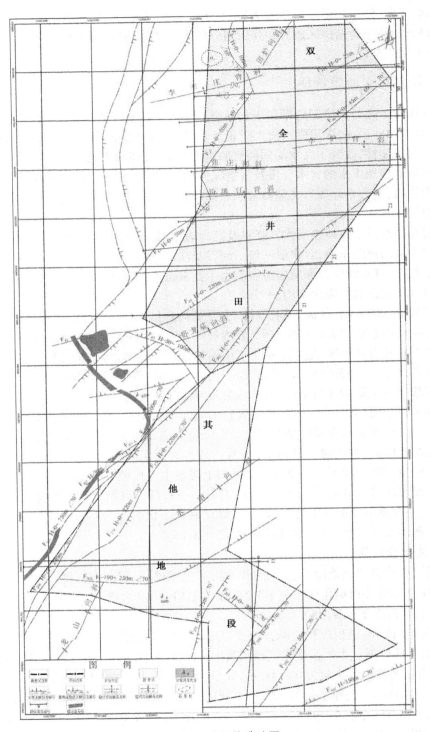

图 1-5-1　井田构造略图

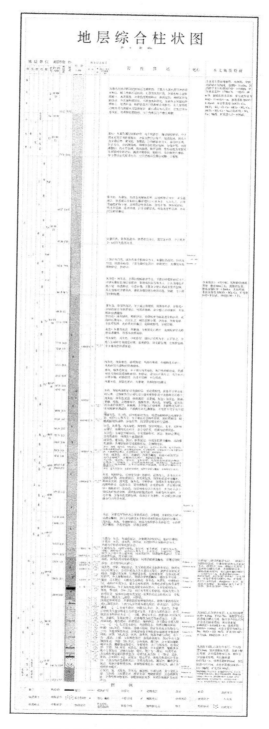

图 1-5-2　井田地层综合柱状图

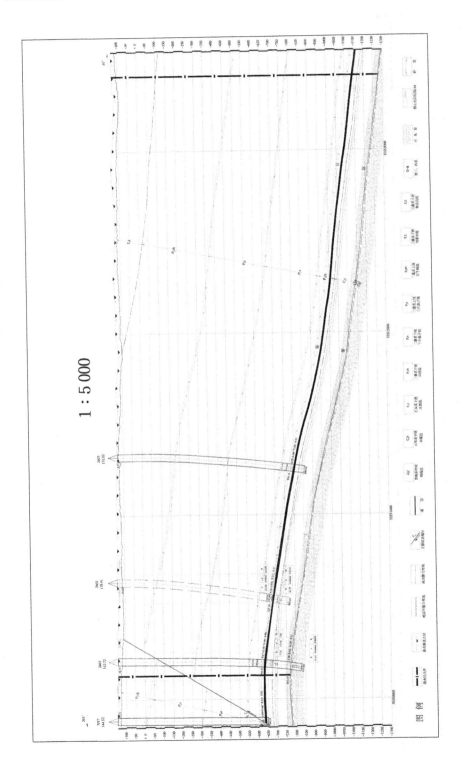

图 1-5-3 井田水文地质剖面图

双全井田厚 0 ~ 154.10 m,"其他地段"厚 0 ~ 27.95 m,正常情况下对开采二₁煤层无影响。

2.基岩风化带裂隙含水层

该层风化带埋藏较浅,一般厚为 20 ~ 30 m,具一定的富水性,是当地居民生产、生活水源之一。砂岩结构疏松,利于上部地表水垂直下渗;泥质岩类透水性差,具有隔水性;未出现钻孔有涌水、漏水现象,对矿井开采影响不大。

3.二叠系石千峰组平顶山砂岩段裂隙承压含水层

该层一般由 2 ~ 4 层中、粗粒砂岩组成,砂岩致密,裂隙较发育;距二₁煤层约 700 m,一般对矿井开采无影响。

双全井田,位于张庄村西南的沟谷内和汾洪江岸边的高坡上,有 2 个泉水出露,流量分别为 0.544 L/s、0.35 L/s,为 $HCO_3 \cdot SO_4$—Ca 型水,矿化度 0.452 ~ 0.529 g/L,pH 为 8.00 ~ 8.23,富水性弱;F^- 含量为 1.68 mg/L,细菌总数为 47 cfu/mL,未检出大肠杆菌,水质较好。"其他地段"厚 0 ~ 31.60 m,平均厚 14.42 m;未出现钻孔有涌水、漏水现象。

4.二叠系上石盒子组砂岩裂隙承压含水层

该层一般由 2 ~ 5 层中、粗粒砂岩组成,一般厚 10 ~ 25 m,富水性较弱;各砂岩之间有泥岩、砂质泥岩、粉砂岩,正常情况下无水力联系。

5.二叠系下石盒子组砂岩裂隙承压含水层

该层一般由 5 ~ 10 层中、粗粒砂岩组成,一般厚 40 ~ 60 m;其底部为裂隙承压含水层,厚 1.17 ~ 16.79 m,下距二₁煤层 51.99 ~ 84.10 m,在断层导水的情况下,会对开采二₁煤层造成影响。

6.山西组二₁煤层顶板砂岩裂隙承压含水层

该含水层指二₁煤以上 60 m 范围内的细—粗粒砂岩,一般由 2 ~ 5 层砂岩,以香炭砂岩和大占砂岩为主。邻区浅部大众、果园等九个生产矿井的矿井涌水量为 80 ~ 200 m³/h。为富水性弱、径流条件差的裂隙承压含水层,是二₁煤层直接顶板充水含水层。

双全井田厚 9.23 ~ 47.69 m,岩芯较完整,裂隙多被方解石脉充填;钻孔单位涌水量 0.000 53 ~ 0.004 7 L/(s·m),渗透系数 0.010 4 ~ 0.015 8 m/d,水位标高 +114.48 ~ +115.29 m,为 HCO_3—K+Na 型水,矿化度 0.878 ~ 0.932 g/L,pH 为 9.01 ~ 9.31。

"其他地段"厚 0.70 ~ 35.56 m,平均厚 20.34 m;未出现钻孔有涌水、漏水现象。

7.石炭系太原组 L_8 灰岩岩溶裂隙承压含水层

该层为二₁煤层底板直接充水含水层,双全井田内厚 0.85 ~ 4.58 m;上距二₁煤层 20.82 ~ 44.62 m,一般为 30 ~ 40 m,局部岩芯破碎,裂隙多被方解石脉充填。钻孔单位涌水量 0.000 327 ~ 0.016 0 L/(s·m),渗透系数 0.010 2 ~ 1.66 m/d,水位标高 +114.26 ~ +118.54 m,为 HCO_3—K+Na 型和 $HCO_3 \cdot CO_3$—K+Na 型水,矿化度 0.450 ~ 0.713 g/L,pH 为 8.69 ~ 9.37;抽水时水量小、水位恢复快,反映该含水层富水性弱、径流条件好。"其他地段"厚 2.50 ~ 3.70 m,平均 3.18 m;未出现钻孔有涌水、漏水现象。

8.太原组下段 L_2 灰岩岩溶裂隙承压含水层

该层为二₁煤底板间接充水含水层,双全井田厚 5.63 ~ 7.80 m;上距二₁煤层 94.58 ~ 108.40 m,岩溶裂隙发育,多被方解石脉充填。含岩溶裂隙承压水,钻孔单位涌水量

0.037 0 L/(s·m),渗透系数 0.802 m/d,水位标高+137.11 m,为 HCO_3—$Ca·Mg$ 型水,矿化度 0.340 g/L,pH 为 7.67,属富水性弱的岩溶裂隙含水层。

9.奥陶系灰岩岩溶裂隙承压含水层

双全井田在本含水层有 2 孔揭露,厚49.87 m、61.18 m,上距二,煤层 126.23~133.56 m。局部岩芯破碎、裂隙发育,多被方解石脉充填。钻孔单位涌水量为 0.004 66~0.091 L/(s·m),渗透系数为 0.008 45~0.160 m/d,水位标高+134.46~+137.67 m,为 HCO_3—$Ca·Mg$ 型水,矿化度 0.326~0.388 g/L,pH 为 8.06~8.02。区外的珍珠泉一般流量为 1.252 m^3/s,最大流量为 1.5 m^3/s,说明该含水层富水性极强,但不均一。"其他地段"也有 2 孔揭露,最大揭露厚度 5.95 m,未出现钻孔有涌水、漏水现象。

5.2.2.2 主要隔水层

1.本溪组铝质泥岩隔水层

该隔水层由铝土岩、铝质泥岩、泥岩等组成,层位稳定,厚 2.22~18.57 m,一般厚 8.78~18.57 m,正常情况下,可阻隔奥陶系灰岩水进入矿坑。在断层影响范围内及其薄弱地带,可能失去隔水作用。

2.太原组中部砂泥岩隔水层

该隔水层是指 L_4~L_7 之间的泥岩、砂质泥岩、细粒砂岩、粉砂岩等,厚 17.88~47.33 m,平均厚 35.05 m。隔水性良好,正常情况下,能有效阻隔上、下段含水层的水力联系。

3.二,煤底板隔水层

该隔水层是指二,煤底板至 L_8 灰岩之间的泥岩、砂质泥岩、细粒砂岩、粉砂岩等,较稳定,厚 20.82~44.62 m,平均厚 34.93 m。在正常情况下,能很好地阻隔上段灰岩水进入二,煤矿坑。

4.二叠、三叠系隔水层

该隔水层是指二叠系砂锅窑砂岩到基岩风化带的泥岩、砂质泥岩、细粒砂岩、粉砂岩等,厚度大于 300 m,能有效阻隔地表水、浅层地下水进入二,煤矿井。

5.2.2.3 构造对井田水文地质条件的影响

断层破坏了隔水层原有的连续性,产生裂隙,缩短含水层与含水层、含水层与煤层的距离,使含水层与含水层、含水层与矿坑发生水力联系;落差较大的断层会造成二,煤层与含水层对接,改变原含水层对煤层的充水条件,使矿井水文地质条件复杂化,应予以高度重视。

发育 NE—NNE 向张扭性高角度正断层,遇断层钻孔断层部位未发生漏水、涌水,说明断层带富水性较差。生产矿井表明,落差大的断层充填物多,胶结密实,导水性差;落差小的断层断面窄,充填物结构疏松,富水性强,是矿床充水主要通道;龙山煤矿两次被淹均和小断层导水有关。

井田受区域构造的控制,呈单斜构造,未发现其他构造形迹,但是随着地下煤层的开采,对地应力的进一步破坏,促使断层以及其他构造的发生与发展。区内大部分煤层属岩溶水带压开采煤层,一旦有导水断层沟通,岩溶水就会侵入含煤地层和矿井,造成淹井事故。因此,特别要重视对断层、陷落柱以及其他构造的发现和研究,防止淹矿事故的发生。

5.2.2.4　充水因素分析

双全井田二$_1$煤层埋藏较深,矿井主要充水水源为顶板砂岩裂隙水和底板 L$_8$灰岩水,其次为 L$_2$灰岩水;充水通道为顶板裂隙、断层带和陷落柱。

邻近生产矿井正常涌水量为 80~200 m^3/h,充水水源均为顶板砂岩裂隙水,水文地质条件为简单—中等。受断层影响,偶有奥陶系灰岩水涌入矿坑,形成矿难。

1.地表水、新生界孔隙水和风化带裂隙水

双全井田内二$_1$煤层之上隔水层厚度大、隔水性极好。根据豫北地区煤矿开采经验,二叠系、三叠系泥岩、砂质泥岩硬度小,不易形成裂隙,在无断层的情况下,地表水、新生界孔隙水和风化带裂隙水不会对开采二$_1$煤层产生影响。

2.顶板砂岩水

顶板砂岩水为二$_1$煤层顶板直接充水水源,顶板砂岩裂隙不发育,富水性弱,且以静储量为主,水量小,易疏干。

3.L$_8$灰岩岩溶裂隙水

L$_8$灰岩岩溶裂隙不发育,多被方解石脉充填,富水性弱;无其他水源补给时,对矿井充水不大。

4.L$_2$灰岩岩溶裂隙水

L$_2$灰岩富水性比 L$_8$灰岩略强,但不均一;L$_2$、L$_8$含水层之间的隔水层性能良好,正常情况下对开采二$_1$煤层无影响。

5.奥陶系灰岩水

奥陶系灰岩富水性极强,导水断层、陷落柱会造成矿井突水,危害极大。

6.断层带水和陷落柱水

目前井田内断层、陷落柱的富水和导水性不清楚,工作中应加强对其监控,防止矿井突水事故;F$_{47}$外延伸至双全水库坝体附近,在此断层附近采煤时应留足防水煤柱。

7.矿床水文地质勘探类型

根据抽水成果、构造特征、二$_1$煤层底板岩性组合等,结合邻近生产矿井充水情况,依据《煤、泥炭地质勘查规范》(DZ/T 0215—2002)有关规定,井田水文地质勘探类型为第三类第二亚类第一型偏二型,即以底板岩溶裂隙充水为主的水文地质条件简单偏中等型矿床。

5.2.3　周边矿坑排水量调查

与本井田相邻的生产矿井有大众煤矿、果园煤矿等,现对周边煤矿涌水量简述如下:

(1)大众煤矿:位于铜冶向斜南翼,双全井田西侧,现开采水平为-500 m,开采面积 5.0 km^2。矿井正常涌水量 100 m^3/h,均为顶板水。

(2)果园煤矿:位于安林向斜南翼,双全井田西南角、F$_{174}$西北侧,现开采水平为-150 m,开采面积 0.6 km^2。矿井正常涌水量 80 m^3/h,均为顶板水。

(3)马村煤矿:位于安林向斜北翼,F$_{41}$西北侧,东邻大众煤矿,现最大开采水平为-250 m,开采面积 2.3 km^2。矿井正常涌水量 100 m^3/h,顶板水。

（4）龙山煤矿：位于"其他地段"西南角、龙山向斜附近，西北有 F_{508}、东南有 F_{165}、浅部有三泉寺等煤矿。现最大开采水平为 -220 m，开采面积 1.4 km²。矿井正常涌水量 242 m³/h，均为顶板水。发生过两次淹井事故：1976 年 1 月 9 日，因断层沟通 O_2f 灰岩水，东五采区 511 工作面上方三角煤采空区突水，最大水量 2 500 m³/h，最小水量 3.0 m³/h，72 h 矿井被淹；1977 年 6 月 26 日，断层沟通 O_2f 灰岩水，511 上顺槽尽头突水，最大水量 4 000 m³/h，最小水量 10.0 m³/h，96 h 矿井被淹。

（5）王家岭煤矿：位于 F_{160} 东南侧、鹤煤九矿北部。最大开采水平为 -300 m，开采面积 1.8 km²。正常顶板涌水量为 500 m³/h，最大顶板涌水量为 1 500 m³/h。

从以上矿井调查资料看，矿井涌水一般为顶板砂岩充水，涌水量较小，对矿井生产无突水威胁。结合区域以往地质资料，底板 L_8 灰岩沉积厚度较薄，一般为 3 m 左右，灰岩泥质含量高，岩溶裂隙发育程度差，且水头压力小，底板 L_8 灰岩突水量也较小。向深部开采时，随着水压逐渐增大，在 L_8 灰岩岩溶裂隙发育区，受断层影响 L_8 灰岩与下伏强富水含水层发生水力联系时，矿井底板突水将是未来开采时最主要充水水源。

5.2.4　矿坑涌水量预测

根据煤矿生产需求，结合勘探程度，对双全井田二₁煤层 -850 m 水平以浅矿井涌水量进行估算。

5.2.4.1　边界条件

井田无明显的供、排水边界，地下水由西向东径流。生产矿井排水将改变原有水场状态，四周地下水向排水地段汇积，故井田供水边界假定为四周无限边界。

5.2.4.2　预算方法及预算公式

采用比拟法和稳定流解析法分别预算初期采区矿井涌水量，分析比较，求出较为合理的矿井涌水量。据区域资料，矿井最大涌水量是正常涌水量的 1.1～1.4 倍，本次矿井最大涌水量采用 1.3 系数。

1.比拟法

井田水文地质条件与和大众煤矿比较相似，推断原水位标高为 $+145$ m，选用下式进行预算：

$$Q = Q_1 \sqrt[m]{\frac{F}{F_1}} \cdot \sqrt[n]{\frac{S}{S_1}} \tag{1-5-1}$$

式中：Q、Q_1 分别为拟求、已知矿井正常涌水量，m³/h；S、S_1 分别为拟求、已知矿井水位降深，m；F、F_1 分别为已知、未知矿井开采面积，m²；m、n 为经验指数。

2.稳定流解析法

根据边界条件，井田的稳定流模型如下：

（1）顶板砂岩（承压—无压）。

$$Q = \frac{\pi K [(2H - M)M - h_w^2]}{\ln \frac{R}{r_w}} \tag{1-5-2}$$

（2）底板 L_8 灰岩（承压）。

$$Q = \frac{2\pi KMS}{\ln \dfrac{R}{r_w}} \qquad\qquad (1\text{-}5\text{-}3)$$

式中:H 为顶板含水层二$_1$煤层底板以上初始水柱高度,即降深,m;S 为底板含水层二$_1$煤层底板以上初始水柱高度,即降深,m;h_w 为引用大井顶板含水层二$_1$煤层底板以上动态水柱高度,m;K 为渗透系数,m/d;M 为含水层平均厚度,m;r_w 为引用大井半径,m;R 为引用大井影响半径,m;

5.2.4.3　参数选取

1.渗透系数

1)顶板砂岩含水层

单位涌水量采用抽水钻孔加权后的算术平均值,即 0.001 325 m/(d·m),则渗透系数 K = 0.001 325 m/(d·m)×28.25 m = 0.037 43 m/d。

2)底板 L_8 灰岩

单位涌水量采用抽水钻孔加权后的算术平均值,即 0.220 8 m/(d·m),渗透系数 K = 0.220 8 m/(d·m)×2.64 m = 0.583 m/d。

2.降深

顶板、底板起算水位为抽水试验后静止水位最高值,预算水平−850 m,顶板、底板含水层降深分别为 965.29 m 和 969.80 m,故采用最大降深 969.80 m。

3.含水层厚度

二$_1$煤层顶板、底板含水层厚度分别采用 22.07 m 和 2.64 m。

4.其他参数

(1)引用井半径、影响半径:初期采区形状为一个南北长 6 000 m、东西宽 1 600 m 的矩形,引用井半径按 $r_w = \eta \dfrac{a+b}{4}$ 计算,即 $\eta = 1.136$;影响半径 $R = r_w + 10S\sqrt{K}$。

(2)含水层疏干面积为初期采区面积。

(3)已知顶板正常涌水量 $Q_1 = 100$ m³/h,$S_1 = 650$ m(水位取+145 m)。

(4)H 取顶板水位降低值 965.29 m。

(5)已知年开采面积 $F_1 = 19×10^4$ t/(3.5 m×容重);设计年开采面积 $F = 180×10^4$ t/(6.47 m×容重)。

(6)$m = 3$,$n = 1.5$。

矿井涌水量预算参数详见表 1-5-1。

表 1-5-1　矿井涌水量预算参数一览表

类　型	K(m/d)	M(m)	H、S(m)	r_w(m)	R(m)
顶板	0.037 4	22.07	965.29	2 158.4	4 025.18
底板 L_8石灰岩	0.583	2.64	969.80	2 158.4	13 168.94

5.2.4.4　涌水量估算结果

预算矿井−850 m 水平矿井涌水量详见表 1-5-2。

表 1-5-2　　-850 m 水平矿井涌水量一览表

稳定流解析法			比拟法	
顶板	底板	合计	顶板正常	顶板最大
330.72 m³/h	215.96 m³/h	546.68 m³/h	294.67 m³/h	383.07 m³/h

5.2.4.5　推荐矿井涌水量

在水文地质条件相近时,采用比拟法估算涌水量。井田与大众煤矿相邻,虽同处于一大的水文地质单元内,但煤层埋深和厚度、开采水平及开采能力相差较大,故采用比拟法估算结果可能有一定误差。

参照周边生产矿井,认为使用稳定流解析法估算的矿井涌水量作为矿井排水能力设计较为适宜。推荐矿井正常涌水量 546.68 m³/h(矿井取水量是按正常涌水量计算),最大涌水量 710.68 m³/h(是制订矿井防排水方案、确定排水能力及防水安全措施的技术依据)。

5.2.5　矿坑水取水量分析

预测煤矿投产后矿坑正常涌水量为 546.68 m³/h,故矿坑水正常取水量为 13 120.32 m³/d,年取水量 478.89 万 m³(按 365 d 计)。

5.3　矿坑水水质分析

5.3.1　水质监测结果

河南华安煤业有限公司煤矿与大众煤矿和安林煤矿相邻,且同处于安鹤煤田,本次评价根据邻近大众煤矿(生产中)和安林煤矿(停产中)矿坑排水水质分析成果。

5.3.2　水质评价

5.3.2.1　生活饮用水水质评价

1.评价标准

按照《生活饮用水卫生标准》(GB 5749—2006)、《地下水质量标准》(GB/T 14848—1993)以小型集中式供水方式进行评价,详见表 1-5-3。

2.评价方法

本次评价采用单项指数评价和综合指数评价相结合的方法。

3.评价结果

由表 1-5-3 可知,经过检测,安林煤矿矿井水各指标均符合生活饮用水卫生标准和地下水质量Ⅲ类标准。安林煤矿水样取自停产状态下的矿井排水,矿井水未受采煤扰动,河南华安煤业有限公司煤矿采用疏干排水作为生活用水水源,与安林煤矿矿井水水质具有一定的可比性。因此,认为本矿井疏干排水水质能满足生活及消防用水。

表 1-5-3　生活饮用水水质评价标准及评价结果

项目		水质标准	安林煤矿	大众煤矿
感官性状指标	色	15 度不呈其他色	合格	合格
	混浊液	小于 3 度	合格	合格
	臭和味	不得有异臭、异味	合格	合格
	肉眼可见物	不得含有	合格	不合格
化学性质	pH	6.5~8.5	合格	合格
	总硬度（mg/L）	≤450	合格	合格
	硫酸盐（mg/L）	≤250	合格	不合格
	氯化物（mg/L）	≤250	合格	合格
	氨氮（mg/L）	≤0.5	合格	合格
	硝酸盐氮（以 N 计，mg/L）	≤20	合格	合格
	氟化物（mg/L）	≤1.0	合格	合格
	镉（mg/L）	≤0.005	合格	合格
	砷（mg/L）	≤0.01	合格	不合格
	溶解性总固体（mg/L）	≤1 000	合格	不合格
	耗氧量 COD_{Mn}（mg/L）	≤3	合格	不合格

5.3.2.2　工业用水水质评价

工业用水水质评价依据邻近大众煤矿水质分析成果，见表 1-5-6。

1. 锅炉用水水质评价标准

一般锅炉用水水质指标对成垢作用、起泡作用和腐蚀作用三方面分别进行计算和评价。成垢作用、起泡作用和腐蚀作用标准见表 1-5-4。

表 1-5-4　一般锅炉用水水质评价标准

项目		指标	标准
成垢作用	锅垢总量（H_0）（mg/L）	<125	锅垢很少的水
		125~250	锅垢少的水
		250~500	锅垢多的水
		>500	锅垢很多的水
	硬垢系数（K_n）	<0.25	具有软沉淀物的水
		0.25~0.5	具有中等沉淀物的水
		>0.5	具有硬沉淀物的水

续表1-5-4

项目		指标	标准
起泡作用	起泡系数（F）	<60	不起泡的水
		60~200	半起泡的水
		>200	起泡的水
腐蚀作用	腐蚀系数（K_k）	>0	腐蚀性水
		<0 但 $K_k+0.0503Ca^{2+}>0$	半腐蚀性水
		<0 但 $K_k+0.0503Ca^{2+}<0$	非腐蚀性水

2.锅炉用水水质评价分析

1）成垢作用

按锅垢总量（H_0）和硬垢系数（K_n）评价成垢作用。其计算公式为

$$H_0 = S+C+72(Fe^{2+})+51(Al^{3+})+40(Mg^{2+})+118(Ca^{2+})$$
$$H_h = SiO_2+40(Mg^{2+})+68(Cl^-+2SO_4^{2-}-Na^+-K^+)$$
$$K_n = H_h/H_0$$

式中：H_0 为锅垢含量，mg/L；H_h 为坚硬锅垢的含量，mg/L；S 为水中悬浮物的含量，mg/L；K_n 为硬垢系数；C 为水内胶体（$SiO_2+Fe_2O_3+Al_2O_3$）的总量，mg/L；SiO_2 为水中二氧化硅的含量，mg/L；Fe^{2+}、Al^{3+}、Mg^{2+}、Ca^{2+}、Cl^-、SO_4^{2-}、Na^+、K^+为离子浓度，mmol/L。

当括弧中计算结果为负数时则略而不计。

2）起泡作用

采用起泡系数（F）评价起泡作用。起泡系数的计算公式为

$$F = 62(Na^+)+78(K^+)$$

式中：F 为起泡系数；Na^+、K^+为钠离子、钾离子的浓度，mmol/L。

3）腐蚀作用

采用腐蚀系数（K_k）评价腐蚀作用。腐蚀系数的计算公式为：

酸性水：$K_k = 1.008((H^+)+3(Al^{3+})+2(Fe^{2+})+2(Mg^{2+})-2(CO_3^{2-})-(HCO_3^-))$；

碱性水：$K_k = 1.008(2(Mg^{2+})-(HCO_3^-))$

式中：K_k 为腐蚀系数；H^+、Al^{3+}、Fe^{2+}、Mg^{2+}等为各种离子的离子浓度，mmol/L。

在 $K_k+0.0503Ca^{2+}$中，Ca^{2+}以 mg/L 表示。

3.水质评价结果

经计算，煤矿水质评价结果为：锅垢含量（H_0）为 572.706 mg/L，为锅垢很多的水；硬垢系数（K_n）为 0.378，为具有中等沉淀物的水；起泡系数（F）为 80.01，为半起泡水；腐蚀系数 $K_k<0$，同时 $K_k+0.0503Ca^{2+}$为 3.11，属半腐蚀性水。

一般锅炉用水分析计算结果见表1-5-5。

表 1-5-5 一般锅炉用水分析计算结果

名称	成垢作用	起泡作用		腐蚀作用	
	锅垢含量 $(H_0, mg/L)$	硬垢系数 (K_n)	起泡系数 (F)	腐蚀系数 (K_k)	$K_k + 0.050\ 3Ca^{2+}$
大众煤矿	572.706	0.378	80.01	−0.99	3.11

综上所述,煤矿矿坑水的水质为锅垢较多、有中等沉淀、具有一定腐蚀性的起泡水。锅垢较多、有中等沉淀的水一般需做软化处理,即加入一定的除垢剂后再投入使用;起泡是水中的固溶物和悬浮物的浓缩导致的,使用消泡剂(如有机硅消泡剂)就可以将其去除掉。

河南华安煤业有限公司煤矿采用处理后的矿井排水作为生产用水,其水质与大众煤矿水质具有一定的可比性。因此,认为矿井排水水质满足工业生产用水。

根据以上生活饮用水和工业用水水质评价结果,总体认为利用矿井排水作为生产和生活供水水源,其水质能够满足要求。

5.3.2.3 农田灌溉用水水质评价

按照《农田灌溉水质标准》(GB 5084—2005)进行评价,详见表 1-5-6。

由表 1-5-6 可知,大众煤矿矿井水经过检测各指标均满足《农田灌溉水质标准》(GB 5084—2005)旱作类水质要求。河南华安煤业有限公司煤矿采用处理后的矿井排水作为生产用水,其水质与大众煤矿水质具有一定的可比性。因此,认为河南华安煤业有限公司矿井水外排能满足《农田灌溉水质标准》(GB 5084—2005)旱作类水质要求。

表 1-5-6 《农田灌溉水质标准》(GB 5084—2005)旱作类评价标准及评价结果

(单位:mg/L)

项目	水质标准	大众煤矿
铅	≤0.2	合格
铬	≤0.1	合格
汞	≤0.001	合格
铜	≤1.0	合格
pH	5.5~8.5	合格
硫化物	≤1	未检出
砷	≤0.1	合格
锌	≤2.0	合格
硒	≤0.02	合格
挥发酚	≤1	合格
氟化物(mg/L)	≤2	合格
镉(mg/L)	≤0.01	合格
氰化物	≤0.5	合格
耗氧量 COD_{Mn}(mg/L)	≤200	合格

5.4　取水可靠性与可行性分析

5.4.1　取水口合理性分析

根据河南华安煤业有限公司提供的矿井总平面布置图,该煤矿的矿坑水排水口、疏干排压井、矿坑水处理设施、地面生产生活废污水处理设施均位于工业广场内。因此,该矿井生产生活利用自身矿坑排水,取水口合理可行。

5.4.2　矿井水取水可靠性与可行性分析

本矿井生活及消防用水来自于疏干排水,生产用水采用处理后的矿井排水,本矿井初期采用一级排水系统,在−840 m 水平井底车场附近建立主排水泵房,将矿井涌水沿副井井筒直接排到地面。矿井正常涌水量 546.68 m³/h(13 120.32 m³/d),年涌水量 478.89 万 m³。矿井核定后正常生产、生活取水总量为 2 191.78 m³/d,年取水量 73.99 万 m³,仅占矿井年正常涌水量的 16.7%。因此,取用矿井排水作为矿井生产生活用水,其水量是可靠的。

疏干排水经过水质分析评价,其水质满足矿区生活及消防用水。矿坑排水作为特殊形式的地下水,受开采过程中煤尘污染,悬浮物和 COD 含量较高,经过混凝、沉淀、过滤及消毒处理后,经水质分析评价,认为取水水源的水质完全可以满足矿区工业用水。经处理后回用于井下生产用水、洗煤补充水及风井工业场地用水,符合国家和河南省保护水资源,充分利用矿坑水的有关要求;且矿坑水经井下水处理站沉淀、过滤等一系列处理措施后,能够满足井下消防、洒水及洗煤用水、农灌用水等水质要求。

综上所述,取用矿井排水作为矿井及选煤厂生产、生活及消防用水是可靠的、可行的。

5.4.3　取用水风险分析及应对措施

本矿井正常涌水量为 546.68 m³/h(13 120.32 m³/d),核定后矿井正常生产、生活取水量为 2 191.78 m³/d,年取水量 73.99 万 m³,仅占矿井正常涌水量的 16.7%。且矿井排水首先用于矿区生活、生产用水。因此,其水量完全可以满足日常生产、生活的需求。

但因受开采过程中煤尘污染,悬浮物和 COD 含量较高,如果利用则必须经沉淀、过滤和消毒,处理后的矿井排水的水质完全可以满足工业用水要求。通过以上分析,认为本项目用水的风险性很小。

6　取水的影响分析

6.1　煤炭开采对地下水环境的影响分析

6.1.1　采煤沉陷"导水裂隙带"高度预测

煤层采出后,采空区周围的岩层发生位移、变形乃至破坏,上覆岩层根据变形和破坏的程度不同分冒落、裂缝和弯曲三带,其中裂缝带又分为连通和非连通两部分,通常将冒落带和裂缝带的连通部分称为导水裂隙。采煤沉陷主要通过所形成的导水裂隙带影响地下含水层之间的水力联系,进而对其水量、水位产生影响。依据《建筑物、水体、铁路及主要井巷煤柱留设与压煤开采规程》的规定,煤层开采所形成的导水裂隙带高度计算,可通过表1-6-1中的公式对应计算。

表 1-6-1　缓倾斜煤层和倾斜煤层开采时导水裂隙带高度计算　（单位:m）

覆岩岩性	经验公式一	经验公式二
坚硬	$H_{li}=\dfrac{100\sum M}{1.2\sum M+2.0}\pm 8.9$	$H_{li}=30\sqrt{\sum M}+10$
中硬	$H_{li}=\dfrac{100\sum M}{1.6\sum M+3.6}\pm 5.6$	$H_{li}=20\sqrt{\sum M}+10$
软弱	$H_{li}=\dfrac{100\sum M}{3.1\sum M+5.0}\pm 4.0$	$H_{li}=10\sqrt{\sum M}+5$
极软弱	$H_{li}=\dfrac{100\sum M}{5.0\sum M+8.0}\pm 3.0$	

注:M 为采厚。

河南华安煤业有限公司煤矿可采煤层为二₁煤层,全区可采,煤层厚度为 4.19~8.66 m,平均厚度 6.47 m。根据矿井开拓设计方案,二₁煤层为中厚煤层,上覆岩性为中硬岩层,评价选用表 1-6-1 中的相应公式,计算了井田内二₁煤层的最大、最小导水裂隙带高度。

由表 1-6-1 中硬岩层导水裂隙带高度计算经验公式一算出,二₁煤层导水裂隙带发育高度最低 46.26 m,最高 55.21 m。

6.1.2　煤炭开采对地下含水层的影响分析

6.1.2.1　煤层开采对新生界冲洪积层孔隙含水组的影响

该含水岩组上部为潜水含水层,地下水位 1~20 m;垂深 50 m 以下,一般为孔隙承压水,区内机(民)井水位 20~130 m,一般 60~80 m,单井涌水量 25~120 m³/h,一般为 50~

$80\ m^3/h$，均为当地居民生活饮用水水源。

由于二₁煤层埋藏较深，其导水裂隙带最大高度 55.21 m，仅达到上覆的山西组 P_1sh 岩组。同时，二₁煤层上覆三叠系、二叠系中、上段隔水层，包括三叠系刘家沟组、和尚沟组；二叠系上、下石盒子组和石千峰组，由泥岩、砂质泥岩、砂岩等碎屑岩组成，总厚大于 300 m，具有良好的隔水作用，不会连通新生界冲洪积层孔隙含水组，因此二₁煤层的开采不会破坏新生界冲洪积层孔隙含水组。

6.1.2.2 煤层开采对二₁煤层顶板碎屑岩类砂岩裂隙含水层的影响

顶板砂岩含水层位于二₁煤开采的导水裂隙带内，是二₁煤开采的主要充水来源。该含水层为富水性弱、径流条件差的裂隙承压含水层，煤炭开采后，该含水层地下水的排泄将由原天然的顺地层沿倾向方向转移变为以人工开采排泄为主。

下石盒子组砂岩裂隙含水层组厚 1.17～16.79 m，下距二₁煤层 51.99～84.10 m，富水性较弱。根据勘探报告，导水裂隙带在部分区域（北二和北六采区）会导通下石盒子组底部，可能会对二₁煤层的开采造成轻微影响。

由于顶板砂岩裂隙含水层不是供水意义的含水层，因此对当地生产、生活产生的影响较轻。

6.1.2.3 对煤系地层下伏含水层的影响

L_8灰岩岩溶裂隙水为二₁煤层底板直接充水含水层，岩溶裂隙不发育，多被方解石脉充填，富水性弱；无其他水源补给时，对矿井充水不大。

L_2灰岩岩溶裂隙水富水性比 L_8 灰岩略强，但不均一；L_2、L_8 之间有本溪组铝质泥岩隔水层，隔水性能良好，正常情况下对开采二₁煤层影响较小。

井田内奥陶系灰岩水位于开采的二₁煤层底板下部 126.23～133.56 m 深处，埋藏较深，补给源较远，且有本溪组铝质泥岩隔水层，该隔水层一般能有效阻隔其下伏奥灰含水层水对其上覆煤层开采的影响。但由于奥陶系灰岩含水层富水性极强，导水断层、陷落柱会沟通其与矿井的联系，造成矿井突水。但该含水层不是供水意义上的含水层，而且矿井设计已预留了保护煤柱，一般情况下不会发生突水事故。建议煤矿在开采时做好岩移观测，制定解决措施严防突水事故的发生。

6.2 煤炭开采对珍珠泉的影响

本矿井首采区双全井田位于东傍左—水冶岩溶强径流带的东部（见图 1-6-1），该径流带北起安阳东傍左一带，向南经子针至水冶，南北长约 12 km，东西宽 2～4 km。在径流带上，由北向南纵向水力坡度为 1‰左右，两侧横向水力坡度由 7‰逐步过渡到弱径流区的 20‰。径流带汇集了南韦底、清峪一带的地下水，由西向东径流，遇石炭、二叠系砂页岩受阻转向南流，至珍珠泉排泄。该径流带具有如下特点：

（1）沿径流带走向，地下水面十分平缓。

（2）径流带地下水动态相当稳定。

（3）径流带富水性强。

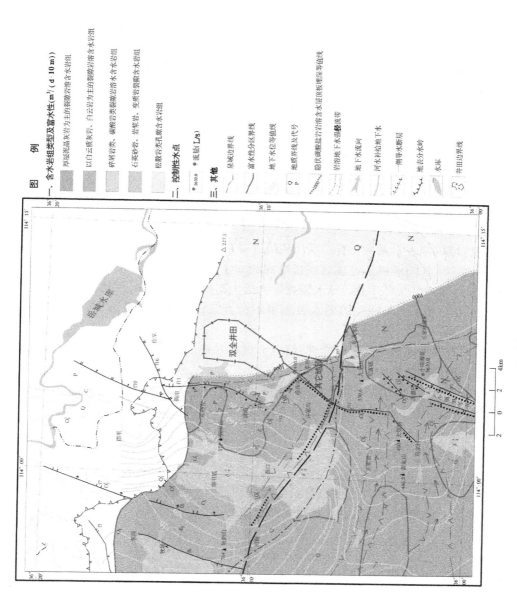

图 1-6-1　区域水文地质图

　　珍珠泉的东缘有两条高角度正断层相交,一条走向北东 40°,倾向南东,倾角 75°,南东盘下降,断距约 140 m,使奥灰与二叠系砂页岩对接;另一条断层,走向北西 320°,倾向北东,倾角 70°,北东盘下降,断距 170 m,同样使奥灰与二叠系砂页岩对接,造了裂隙岩溶水完好的阻水构造,该泉域东部地区,奥陶系灰岩上部覆盖有少量石炭二叠系砂页岩及第四系黄土状亚砂土,形成了局部承压顶板,使来自西部的岩溶地下水在两条断层交汇处受阻承压,以上升泉的形式升至地表。泉水质量良好,属 HCO_3—$Ca \cdot Mg$ 型水,矿化度为 0.28 g/L。

　　由图 1-6-1 可以看出,珍珠泉泉域内地下水自西向东径流,遇两阻水断层交汇处受阻承压,地下水以珍珠泉形式排泄。而本矿井位于阻水断层的东部,属于地下水深部径流区,煤矿开采不会影响泉流量,不会污染泉域地下水资源,而且本矿井在珍珠泉附近留设了 1 600 m 的保护煤柱,因此,矿井开采不会对珍珠泉产生影响。

　　为确保安全,建议矿方做详细的水文地质勘察工作,做好防水煤柱安全工作,当回采工作面接近断层时,应遵循先探后采的原则,确保煤矿开采不对珍珠泉造成影响。

6.3　对地表水的影响

　　本矿井区域内地表水系主要有汾洪江和跃进渠东干渠部分支渠。

　　本矿井在汾洪江河床最低处煤层底板埋深约 683 m,根据煤层开采后导水裂隙带发育高度的计算,本井田煤炭开采后导水裂隙带的最大高度为 55.21 m,距河床最低点还有 627.79 m 的距离,开采沉陷产生的导水裂隙带不会直接影响到河床底部,对河水的径流方式基本无影响。

　　煤矿开采有引发地面沉陷的可能性,但由于该矿井煤层采深比较大,厚度比较小,所以引发地面沉陷的可能性比较小。

　　为确保安全,建议矿方实时监测汾洪江和跃进渠东干渠支渠范围内地面变形情况,采取有效的开采保护措施,将引发地面沉陷的可能性降到最低。

6.4　对水库的影响

　　本矿井首采区双全井田外围西侧有双全水库,后期其他开采地段范围与彰武水库部分重叠,本矿井对水库的影响主要是对双全水库和彰武水库的影响。

6.4.1　对双全水库的影响

　　本煤矿在双全水库附近煤层开采深度约 790 m,根据煤层开采后导水裂隙带发育高度的计算,本井田煤炭开采后导水裂隙带的最大高度为 55.21 m,不会与新生界含水岩组及地表水体发生水力联系。所以,矿井开采后形成的导水裂隙带不会影响双全水库。

　　煤矿开采有可能引发地面沉陷,所以需计算煤矿开采引起的地面沉陷影响范围。根据《建筑物、水体、铁路及主要井巷煤柱留设与压煤开采规程》要求,煤矿开采引起的地面沉陷影响范围采用垂线法计算。计算方法如下:

$$L = 松散层厚度×tan(90°-\varphi) + 基岩厚度×[\tan(90°-\gamma) + \tan(90°-\beta)]$$

根据《建筑物、水体、铁路及主要井巷煤柱留设与压煤开采规程》附录五中鹤壁矿区参数取值及区域地层资料,本矿井开采引起的地面沉陷影响范围选取参数如下:

　　松散层移动角:$\varphi = 42°$;

　　上山移动角:$\gamma = 70°$;

　　下山移动角:$\beta = 70°-0.7\alpha$;

　　走向移动角:$\delta = 70°$;

根据本矿区钻孔资料,表土层厚度为 15 m,基岩厚度为 725 m。

由于双全水库位于本矿井开采的上山移动角方向,所以计算矿井开采在上山移动角方向引起地面沉陷影响范围计算公式为

$$L = 松散层厚度×tan(90°-\varphi) + 基岩厚度×tan(90°-\gamma)$$

$$= 15×\tan(90°-42°) + 725×\tan(90°-70°)$$

$$= 15×\tan48° + 725×\tan20°$$

$$= 280.5(m)$$

根据《建筑物、水体、铁路及主要井巷煤柱留设与压煤开采规程》第 49 条规定,双全水库围护带宽度取 15 m。由上述公式计算出煤矿开采在双全水库方向引起的地表沉陷影响范围为 280.5 m,则双全水库的保护煤柱宽度为 15+280.5 = 295.5(m)。而本井田留设保护煤柱距离双全水库最近约 330 m。所以,煤矿开采可能引发地面沉陷,不会影响双全水库。

根据《水库大坝安全管理条例》(国务院令第 78 号,1991 年 3 月 22 日)及《安阳市洹河管理办法》(安阳市人民政府令第 11 号,2004 年 3 月 1 日),双全水库大坝管理范围为:主坝下游坡脚外 100 m,副坝下游坡脚外 50 m;水库大坝的保护范围为:主副坝管理范围外延 300 m,即双全水库大坝最大保护范围为 400 m。本矿井保护煤柱距离水库大坝最近距离约 700 m。因此,矿井开采对双全水库大坝基本无影响。

6.4.2　对彰武水库的影响

彰武水库位于井田后期其他开采地段内的南部,根据《水库大坝安全管理条例》(国务院令第 78 号,1991 年 3 月 22 日)及《安阳市洹河管理办法》(安阳市人民政府令第 11 号,2004 年 3 月 1 日),彰武水库大坝管理范围为:主坝下游坡脚外 200 m,副坝下游坡脚外 100 m;水库大坝的保护范围为:主副坝管理范围外延 300 m,即彰武水库大坝最大保护范围为 500 m,而本矿井对彰武水库留设了 1 200 m 的保护煤柱。因此,矿井开采对彰武水库基本无影响。

为确保安全,建议业主单位加强矿区开采过程中地表沉陷变化的巡视和监测,采取有效的开采保护措施,将引发地面沉陷的可能性降到最低。

6.5　对第三者取用水的影响

河南华安煤业有限公司煤矿排水除用于矿井自身正常生产、生活用水外,剩余矿井排

水达标外排至跃进渠东干渠用于农田灌溉。根据矿区排水与供水平衡分析，矿井涌水量远超过煤矿自身正常生产、生活用水量。因此，本煤矿不会与区内其他用水户发生争水现象。

本井田新生界松散层厚度为 1.20~105.54 m，平均厚为 31.15 m，二$_1$煤层一般赋存标高−460~−1 550 m，埋深 665~1 760 m。经计算，本井田煤炭开采后导水裂隙带的最大高度为 52.21 m。通过对井田地形等高线及二$_1$煤层底板等高线的分析，二$_1$煤层开采深度最小为 703 m 左右，在导水裂隙带上方至松散层含水层之间的最小垂直距离仍有 650.79 m，其间尚有二叠、三叠系隔水层厚度大于 300 m，有效阻隔地表水、浅层地下水进入二$_1$煤矿井。从煤矿开采后对上覆岩层的破坏产生的导水裂隙带分析，煤炭的开采不会影响浅层地下水，造成水位的下降。

但由于导水断裂带的存在，随着煤矿的开采，可能造成地面整体塌陷，使得地表水深入地下或矿坑，从而影响周围村庄的人畜饮用水安全。因此，矿方应加强对附近村庄饮用水井的水位监测，如影响到人畜用水，应由矿方负责及时解决当地村庄人畜饮用水问题。

7　退水的影响分析

7.1　退水系统及组成

本项目退水包括施工期退水及生产运营期退水,主要影响是运营期。本项目废水包括矿井疏干排水、选煤厂废水和生活污水。矿井疏干排水主要受井下开采过程中散发的岩粉和煤粉的影响,导致 COD 和 SS 增高,但排水中主要污染物为悬浮物,经处理满足生产需要后,剩余部分水进入跃进渠东干渠灌区作为灌溉用水,不外排进入河道及水功能区。选煤厂废水主要是煤泥水,煤泥水处理系统实行一级完全闭路循环,不外排。工业场地生活废污水主要来源于食堂、浴室、办公楼等,经过处理后全部回用于选煤厂用水和道路洒水,不外排。

7.2　退水总量及主要污染物排放浓度

本项目退水主要包括矿井疏干排水和工业场地生产、生活污水以及选煤厂废水。

7.2.1　矿井疏干排水

根据项目可行性研究报告,该矿井正常取水量 546.68 m³/h(13 120.32 m³/d),年取水量 478.89 万 m³。矿井水处理站设计规模为 800 m³/h。疏干排水作为主、副井工业场地、洗煤厂、南风井工业场地生活、消防供水水源 17.31 万 m³/a(474.25 m³/d),矿井排水经网格反应迷宫斜板沉淀池处理,通入 CO_2、调节 pH 后作为洗煤厂生产供水水源,再经无阀过滤器和消毒处理作为主、副井工业场地和南风井工业场地生产供水水源,剩余矿井排水 404.9 万 m³/a(11 093.15 m³/d)经处理达标后,进入伦掌镇谷驼电站上游跃进渠东干渠段,全部由安阳县跃进渠灌区管理局调度分配,作为跃进渠东干渠灌区灌溉用水,不外排进入下游河道。设计矿井排水综合利用率达到 100%。

7.2.2　工业场地生活污水

工业场地生活污水主要来源于工业场地生活设施,其污水产生量为 273.47 m³/d,经过一体化生活污水处理设施处理后达标(SS ≤ 70 mg/L,COD ≤ 100 mg/L)后全部回用于选煤厂补水。生活污水处理后主要污染物排放浓度见表 1-7-1。

表 1-7-1　河南华安煤业有限公司煤矿生活污水处理后主要污染物排放浓度

污染源排放情况	排放量	污染物（mg/L）		
	（m³/d）	SS	COD	BOD₅
处理后生活污水	273.47 m³/d	20	40	—

7.2.3　选煤厂废水

选煤厂废水主要是煤泥水,煤泥水处理系统实行完全闭路循环,不外排,采用浓缩机进行浓缩。浓缩机底流进入压滤机回收煤泥,压滤机滤液与浓缩机溢水一并进入循环水箱作为重介洗煤用水。

7.3　退水处理方案和达标情况

河南华安煤业有限公司矿区工业场地内的疏干排水供工业场地生活、消防用水。排放的生活污水经污水管道收集后,进入生活污水处理站,经一体化污水处理设备处理达标后回用。矿井排水进入矿井处理站,经斜管沉淀池、混凝和过滤消毒处理后,部分供地面工业场地生产用水,多余部分达标后,进入伦掌镇谷驼电站上游跃进渠东干渠段,全部由安阳县跃进渠灌区管理局调度分配,作为灌区农灌用水。

7.3.1　矿井水处理方案和达标情况

7.3.1.1　矿井水处理方案

河南华安煤业有限公司煤矿正常取水量 546.68 m³/h(13 120.32 m³/d),年取水量478.89 万 m³。矿井水处理站设计规模为 800 m³/h。矿井排水经矿井水处理站沉淀、混凝、沉淀、过滤、消毒处理后,约 73.99 万 m³/a(2 191.78 m³/d)用于生产用水和生活用水,剩余 404.9 万 m³/a(11 093.15 m³/d)达到水质标准要求通过管道排入伦掌镇谷驼电站上游跃进渠东干渠段,不外排进入下游河道。煤矿矿井排水处理的主要工艺流程见图 1-7-1。

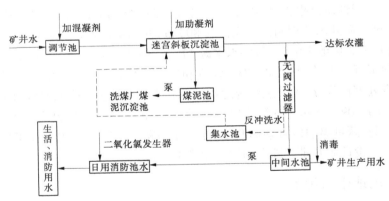

图 1-7-1　煤矿矿井排水处理的主要工艺流程

7.3.1.2　矿坑水退水处理达标情况

矿坑水在生产中受到煤粉、岩屑及井下机械的污染,其水质特点是 SS 较高,易处理且处理后水质较好,其他成分与地下水质接近。处理后矿坑排水符合《煤炭工业污染物排放标准》(GB 20426—2006)中新(扩、改)建生产线标准的要求和《污水综合排放标准》(GB 8978—1996)一级标准,见表 1-7-2。据第 5 章分析,也满足《农田灌溉水质标准》(GB 5084—2005)旱作类水质要求。

表 1-7-2　矿坑排水水质评价标准及评价结果　　　　（单位：mg/L）

项目	煤炭工业污染物排放标准	污水综合排放标准一级	大众煤矿
铅	0.5	1.0	合格
铬	1.5	1.5	合格
汞	0.05	0.05	合格
铜		0.5	合格
pH		6~9	合格
硫化物		1.0	未检出
砷	0.5	0.5	合格
锌	2.0	2.0	合格
氨氮		15	合格
挥发酚		0.5	合格
氟化物	10	10	合格
镉	0.1	0.1	合格
氰化物		0.5	合格
耗氧量 COD_{Mn}	70	100	合格
总铁	6		合格
总锰	4		合格
硒			合格

　　矿坑水综合利用后的多余外排水通过管道排至伦掌镇谷驼电站上游跃进渠东干渠段，全部由安阳县跃进渠灌区管理局调度分配，因此项目排水处理方案满足矿井水回用处理的要求和排放的要求。

7.3.2　生活污水处理方案和达标情况

7.3.2.1　生活污水处理方案

　　河南华安煤业有限公司矿区疏干排水供工业场地生活、消防用水。排放的工业场地生产、生活污水主要包括浴室、食堂、卫生间排水，以及矿灯房等生产部门排放的废水等，地面生活污水主要污染物为 COD、BOD_5、SS 和油类等。生活污水及少量生产废水经室外污水管网汇集后入污水处理站，经地埋式一体化生活污水处理设备处理；食堂及机修间污水经隔油池处理后排入工业场地下水道，然后排入地埋式污水处理设备处理；经两台地埋式一体化生活污水处理设备（单台 $Q=30$ m^3/h）处理，达到《污水综合排放标准》（GB 8978—1996）一级排放标准后用于选煤厂用水 9.02 万 m^3/a（273.47 m^3/d）。生活污水处理及排水系统见图 1-7-2。

7.3.2.2　生活污水处理达标情况

　　由于煤矿尚未建成，评价依据毗邻生产矿井《安阳鑫龙煤业（集团）红岭煤业有限责

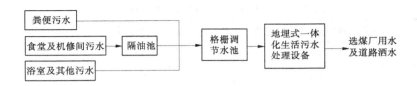

图 1-7-2　生活污水处理及排水系统

任公司红岭煤矿工程竣工环境保护验收调查报告》(煤炭工业部郑州设计研究院,2007 年 8 月),类比生活污水主要污染物浓度为 COD:157 mg/L、SS:120 mg/L,处理后水质为 COD:40 mg/L、SS:20 mg/L,能够满足《污水综合排放标准》(GB 8978—1996)中一级标准要求。

7.4　矿井疏干排水进入跃进渠灌区设计方案

7.4.1　基本情况

　　河南华安煤业有限公司煤矿疏干排水初期采用一级排水系统,在 -840 m 水平井底车场附近建立主排水泵房,将矿井涌水沿副井井筒直接排到地面,矿井水经处理后一部分用于矿井生产用水。根据河南华安煤业有限公司的请示文件,以及安阳县跃进渠灌区管理局和安阳县水务局的批复文件,剩余部分疏干排水达标后,进入跃进渠东干渠及其配套水库,由安阳县跃进渠灌区管理局调度分配,作为农灌用水,不外排进入下游河道及水功能区。矿井疏干排水进入灌区的位置拟设在伦掌镇谷驼电站上游跃进渠东干渠谷驼节制闸处(详见图 1-7-3)。

7.4.2　矿井疏干水进入灌区概况

7.4.2.1　跃进渠概况

　　安阳县跃进渠是在 20 世纪 70 年代,安阳县委、县政府为了改变安阳县西部山区干旱缺水的历史而兴建的一项大型水利工程,现属全国大型灌区之一。跃进渠主要功能为灌溉用水。

　　安阳县跃进渠主体工程有总干渠、南干渠、东干渠,全长 147 km;支渠 36 条,长 258 km。干渠隧洞 149 个,全长 37.6 km;建桥、闸、渡槽等建筑物 681 座,其中大型渡槽 17 座。共计完成工程量 1 008 万 m³,投工 3 818 万个,完成投资 5 800 万元。灌区建有配套支、斗渠 252 条,全长 470 km。蓄水库塘 378 座,总蓄水能力 4 600 万 m³,兴利库容 2 763 万 m³。灌区控制面积 544 km²,设计灌溉面积 30.5 万亩。灌区涉及安阳县西部 11 个乡(镇)和外省县 19 个村。

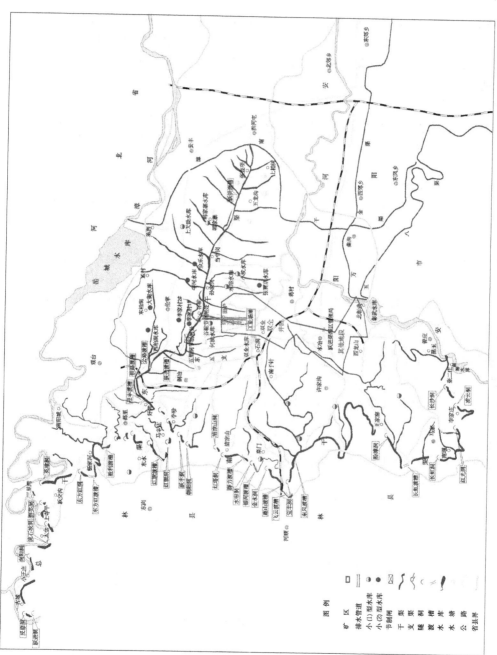

图 1-7-3　河南华安煤业有限公司煤矿排水示意图

跃进渠上游通过总干渠在分水闸处引水,由跃进渠灌区管理局统一调配,根据支渠控制灌溉农田面积以及实际情况,分别向东干渠、南干渠引水。

总干渠设计流量 15 m³/s,设计灌溉面积 30.5 万亩。渠首在林县(现为林州市)任村公社(现为任村镇)古城村西猴头山下,引浊漳水经林县古城、小王庄和河北省涉县槐丰村进入安阳县。至安阳县都里乡李珍村西分水闸,长 40 km。其中,过隧洞 65 个,长 16.8 km;渡槽 5 座,长 0.5 km。渠道为矩形断面浆砌石结构,底宽 6 m,渠墙高 3.5 m,纵坡 1/8 000,最大输水能力 18 m³/s。

南干渠从李珍村分水闸向南经铜冶、磊口、许家沟、马家等乡(镇),长 72 km。其中,过隧洞 80 个,长 19.1 km;渡槽 8 座,长 1.7 km。明渠(浆砌石护砌)51.2 km,底宽 2.2~5 m,渠墙高 2.2~3.1 m,纵坡 1/8 000,设计流量 4~10 m³/s。设计灌溉面积 12.5 万亩。南干渠配套水库主要为小(1)型水库 3 座,总库容 559 万 m³,兴利库容 219 万 m³。

东干渠从李珍分水闸沿北岭向东经都里、铜冶、伦掌、安丰、蒋村、洪河屯 6 个乡(镇),长 35 km。其中,过隧洞 4 个,长 1.7 km;渡槽 4 座,长 0.62 km,明渠(浆砌石护砌)32.6 km,渠底宽 2~5 m,渠墙高 2.5~3 m,纵坡 1/4 000,设计流量 6~10 m³/s。效益面积 18 万亩。

跃进渠灌区水资源主要是引、蓄利用漳河水用于农田灌溉。跃进渠建成初期,水源比较充足,引水正常,20 世纪 70~80 年代间,年引水量 1 亿~1.67 亿 m³,发挥了良好的效益,灌区内 11 个乡(镇)除善应、水冶 2 个乡(镇)不能灌溉外,其他都里、铜冶、伦掌、蒋村、安丰、洪河屯、磊口、许家沟、马家等 9 个乡(镇)都能得到灌溉,灌溉面积 25 万亩。

但是,漳河跨晋、冀、豫三省边界,用水矛盾日益突出。近年来由于漳河上增建水利工程,漳河水源日趋短缺,灌区引水无保障,且近年来连续干旱,加之管理不善,配套蓄水工程遭破坏,致使灌区面积逐渐衰减。灌区内伦掌、安丰、洪河屯、蒋村等乡(镇)部分村得不到灌溉,南干渠只能引到许家沟乡应阳村灌溉。

从表 1-7-3 和表 1-7-4 跃进渠及跃进渠东干渠 2008~2010 年三年引水量可以看出,跃进渠近三年来引水量非常小,总干渠年平均引水量 3 473.47 万 m³,东干渠年平均引水量 2 085.5 万 m³,有些月份甚至经常无水可引,导致灌区农田灌溉用水严重不足。当地村民只能肆意自打井抽取地下水。

7.4.2.2　矿井疏干排水进入的灌区区域概况

河南华安煤业有限公司煤矿项目的矿井疏干排水处理达标后进入跃进渠东干渠灌区,进入东干渠的位置设置在谷驼节制闸处。该处以下渠道涉及安阳县都里、铜冶、伦掌、蒋村、安丰、洪河屯 6 个乡(镇),灌溉面积 15.5 万亩。涉及用于蓄存矿井排水的配套水库 12 座(见表 1-7-5),总库容 711 万 m³,兴利库容 550 万 m³。配套水库控制灌溉面积 4.57 万亩。此外,跃进渠灌区管理局还预留了 2 个小(2)型水库及水塘用于汛期调配,其中 2 个小(2)型水库(东石村水库和李辛庄水库)总库容 32 万 m³,兴利库容 12.5 万 m³;水塘总库容约 7.5 万 m³。

将矿井疏干排水用于跃进渠东干渠灌区灌溉,有利于缓解当地水资源紧缺的状况,合理高效地利用了地下水资源。结合煤矿疏干排水的实际情况,需要从水质和水量两方面对矿井疏干排水进入跃进渠灌区的方案进行综合分析。

表 1-7-3　2008~2010 年跃进渠引水量统计

年份	灌区名称	引水量（万 m³）													灌溉面积（万亩）
		1月	2月	3月	4月	5月	6月	7月	8月	9月	10月	11月	12月	合计	
2008	跃进渠	478	93.3	1 536	1 298	1 646	1 177	1 694	315.3	278.5	38.3	0	61.3	8 615.7	13.4
2009	跃进渠	95.9	204	207	35.3	0	0	0	0	13.3	12.29	0	0	567.79	3.53
2010	跃进渠	0	27.08	19.67	0	21.16	1.02	59.74	544.4	489.4	57.4	0	17.06	1 236.93	7.68
平均	跃进渠	191.3	108.13	587.56	444.43	555.72	392.67	566.58	286.47	176.73	34.0	0	26.12	3 473.47	4.87

表 1-7-4　2008~2010 年跃进渠东干渠引水量统计

年份	灌区名称	引水量（万 m³）													灌溉面积（万亩）
		1月	2月	3月	4月	5月	6月	7月	8月	9月	10月	11月	12月	合计	
2008	东干渠	286.8	55.98	921.6	778.8	987.6	706.2	1 016.4	189.18	167.1	22.98	0	36.78	5 169.42	8.04
2009	东干渠	57.54	122.4	124.2	25.42	0	0	0	0	7.98	7.37	0	0	344.91	2.14
2010	东干渠	0	16.25	11.8	0	12.7	0.61	35.84	326.64	293.64	34.44	0	10.24	742.16	4.61
平均	东干渠	114.77	64.88	352.53	268.07	333.43	235.6	350.75	171.94	156.24	21.6	0	15.67	2 085.5	4.93

表 1-7-5 跃进渠东干渠主要配套水库概况

水库类型	水库名称	位置	流域面积（km²）	设计库容（万m³）	兴利库容（万m³）	灌溉面积（亩）	下游情况
小(1)型水库	韩家寨	安丰乡韩家寨	1	100.00	81.6	4 500	下游2个村,3 000人
	水浴	蒋村乡水浴村	1.1	115*	62.5	4 000	影响张贾店4 300人
	上天助	安丰乡上天助村西	5.0	113.5	105.83	3 800	影响上天助村4 000人
	小圪	蒋村乡小圪村	2.75	113*	85.7	5 000	下游2个村2 300人
	何圪	伦掌乡何圪村	0.8	137.6*	104.2	5 000	3个村庄,4 300人
小(2)型水库	众乐	伦掌乡众乐村	0.5	10.4	8.6	3 000	下游1个村庄5 000人
	西柏洞	伦掌乡西柏洞村	0.6	12.6	11.00	3 000	下游1个村庄3 500人
	李家村一号	伦掌乡李家村	0.5	10.9	17.5	3 000	下游1个村庄1 320人
	李家村二号	伦掌乡李家村	2.0	17.2	13.5	3 500	下游1个村庄5 000人
	牛河	伦掌乡牛河村	1.05	21.7	20.00	2 800	下游2个村庄3 000人
	张贾店	蒋村乡张贾店村	2.5	40.7	29.5	4 100	下游1个村庄4 000人
	大街	伦掌乡大街村	0.8	18.1	9.6	4 000	下游4个村庄5 000人

注:其中李家村二号设计库容不详,17.2万m³设计库容为校核水位相应库容,带*号设计库容为水库经加固处理后的修正库容。

7.4.3　矿井疏干排水农灌用水水质分析

本项目矿井疏干排水经处理后进入跃进渠东干渠灌区,作为农田灌溉用水。

由于河南华安煤业有限公司矿井尚未建成,本次评价类比大众煤矿水质指标(见表1-5-6)。通过前面第5章农田灌溉用水水质评价分析后,河南华安煤业有限公司矿井外排水能满足《农田灌溉水质标准》(GB 5084—2005)旱作类水质要求。

7.4.4　矿井排水进入灌区后的利用方案分析

7.4.4.1　矿井排水灌溉利用方案

本矿井水进入灌区用作农灌的正常水量为11 093.15 m³/d,年水量404.9万 m³。

依据跃进渠灌区管理局制订的跃进渠东干渠用水调度方案,在农田灌溉季节,河南华安煤业有限公司矿井疏干排水通过支、斗渠全部进入东干渠灌区用于灌溉,在非农灌季节,即灌溉间隔期内,矿井疏干排水全部进入东干渠配套水库蓄存,配套水库中的蓄水用于其配套灌区的灌溉。

7.4.4.2　矿井排水灌溉利用方案分析

1.东干渠灌区引、用水概况

1)引水概况

跃进渠东干渠灌区目前主要靠引漳河水用于农田灌溉。跃进渠上游引水后,由跃进渠灌区管理局根据东干渠控制灌溉农田面积以及实际情况,在总干渠分水闸处向东干渠调配水量。在灌溉期,东干渠当月引水量全部直接通过支渠用于灌溉农田,不蓄存。在灌溉间隔期(农作物两次灌溉期的时间间隔),引水量进入配套水库蓄存以用于配套灌区的灌溉。2008~2010年东干渠每月引水量见表1-7-4。

2)农田灌溉情况

项目所在区属于豫北平原,灌区主要种植农作物为冬小麦(生长期为每年10月至次年5月)和夏玉米(生长期为每年6~9月)。根据《河南省用水定额》中表3 I 1.豫北平原区灌溉用水定额(见表1-7-6),小麦生长期内一般灌水4次,分别在冬灌、拔节、抽穗、灌浆期进行,灌溉保证率为75%时,次灌水定额为600~675 m³/hm²(40~45 m³/亩)。玉米生长期内一般灌水3次,分别在拔节、抽雄、灌浆期进行,灌溉保证率为75%时,次灌水定额为450~525 m³/hm²(30~35 m³/亩)。

表1-7-6　《河南省用水定额》表3 I 1.豫北平原区灌溉用水定额

作物名称	灌溉保证率	定额单位	灌溉定额	灌水定额	备注
小麦	75%	m³/hm²	2 625	600~675	冬灌、拔节、抽穗、灌浆
玉米	75%	m³/hm²	1 425	450~525	拔节、抽雄、灌浆

东干渠灌区冬小麦灌溉时间一般为冬灌期(12月中旬)、拔节期(3月下旬)、抽穗期(4月下旬)、灌浆期(5月中旬)。夏玉米灌溉时间一般为拔节期(7月上旬)、抽雄期(8月上旬)、灌浆期(9月上旬)。东干渠流量按设计值最小6 m³/s考虑,冬小麦每次灌溉天数至少为5 d,夏玉米每次灌溉天数至少为4 d。

　　跃进渠东干渠谷驼节制闸下游渠道控制灌溉面积 15.5 万亩,由于灌溉期东干渠引水直接通过支、斗渠全部用于灌溉,灌溉间隔期配套水库所蓄水量全部用于其配套灌区的灌溉,所以东干渠引水直接灌溉面积=东干渠控制灌溉面积-水库控制灌溉面积=15.5-4.57=10.93(万亩)。冬小麦按每亩每次净灌溉定额 45 m³考虑,灌溉保证率按 75%考虑,则每次灌溉需水 656 万 m³;夏玉米按每亩每次净灌溉定额 35 m³考虑,灌溉保证率按 75%考虑,则每次灌溉需水 510 万 m³。

　　东干渠配套水库控制灌溉面积 4.57 万亩,冬小麦每次灌溉需水 326 万 m³。夏玉米每次灌溉需水 274 万 m³。

　　3)其他水源

　　河南超越煤业股份有限公司伦掌煤矿与河南华安煤业有限公司矿井相邻,其矿井疏干排水也进入跃进渠东干渠用于农田灌溉,进入灌区的矿井疏干排水正常水量为 17 720.21 m³/d(646.79 万 m³/a)。在灌溉季节通过支、斗渠全部进入灌区灌溉,灌溉间隔期矿井疏干排水进入配套水库蓄存以用于其配套灌区灌溉。

　　2.矿井排水利用方案分析

　　考虑东干渠引水、伦掌煤矿排水和本矿井排水都将用于灌区农田灌溉,其中灌溉期直接通过支渠灌溉农田,非灌溉期(灌溉间隔期)蓄存于配套水库,以下分别从灌溉期和灌溉间隔期进行矿井排水灌溉利用方案分析,并将灌溉间隔期又分成非汛期和汛期两方面来分析矿井排水灌溉利用方案。

　　1)灌溉期矿井排水利用方案分析

　　在冬小麦和夏玉米各灌溉期内,东干渠引水、伦掌煤矿排水以及本矿井排水都直接通过东干渠支、斗渠用于灌区灌溉。

　　通过计算灌溉期内煤矿排水量,结合 2008~2010 年东干渠每月平均引水量,得出在正常情况下,灌溉期内农作物可利用总水量(见表 1-7-7)。

表 1-7-7　东干渠灌区农作物灌溉期灌溉需水量和可利用水量对比　(单位:万 m³)

农作物灌溉季节	冬小麦灌溉时间				夏玉米灌溉时间		
	冬灌	拔节	抽穗	灌浆	拔节	抽雄	灌浆
灌溉时间 (月-日)	12-11~ 12-15	03-20~ 03-24	04-22~ 04-26	05-13~ 05-17	07-01~ 07-04	08-01~ 08-04	09-01~ 09-04
灌溉需水量	656	656	656	656	510	510	510
东干渠引水量	23.51	352.53	268.07	333.43	350.75	171.94	156.24
华安煤业排水量	5.55	5.55	5.55	5.55	4.44	4.44	4.44
伦掌煤矿排水量	8.86	8.86	8.86	8.86	7.08	7.08	7.08
可利用总水量	37.92	366.94	282.48	347.84	362.27	183.46	167.76

　　注:表中东干渠引水量为 2008~2010 年月引水量平均值,东干渠灌溉期灌溉水量为当月引水量值。

　　表 1-7-7 中,农作物灌溉期需水量=次灌水定额×灌溉面积;煤矿灌溉期内排水量=煤矿日排水量×灌溉天数;东干渠灌区灌溉期可利用总水量=本矿井排水量+伦掌煤矿排水量+东干渠灌溉期内当月引水量(计算所取的灌溉天数是按跃进渠东干渠最小设计流量

考虑,取值为最短灌溉时间)。

通过表1-7-7中农作物灌溉期灌溉需水量和可利用水量对比可以看出,冬小麦和夏玉米灌溉期灌溉需水量大于可利用总水量,本矿井排水量加上伦掌煤矿排水量和东干渠引水量进入灌区后,在灌溉期可以完全被农田灌溉消耗掉。

综上说明,在农作物灌溉期,跃进渠东干渠灌区控制的灌溉面积可以保证矿井排水被利用消耗掉,该时段的矿井排水进入灌区后的利用方案是可行的。

2)灌溉间隔期矿井排水进入灌区的利用方案分析

根据该地区农作物生长周期和年内降水分布情况,每年10月至次年5月冬小麦灌溉间隔期属于非汛期,降水量很少,配套水库蓄存的水量主要为东干渠引水量和两煤矿的疏干水量;每年6~9月夏玉米灌溉间隔期属于汛期,降水量多集中在这4个月,配套水库蓄存的水量包括该时段内的降水量,东干渠引水量和两煤矿的疏干水量。因此,以下分别从非汛期和汛期两方面来分析灌溉间隔期内矿井排水进入灌区后利用方案的可行性。

(1)非汛期矿井排水进入灌区的利用方案分析(每年10月至次年5月)。

在非汛期时段即冬小麦灌溉间隔期,东干渠引水量、伦掌煤矿排水以及本矿井排水将进入配套水库蓄存,用于其配套灌区灌溉。

通过计算灌溉间隔期煤矿排水量,结合2008~2010年东干渠每月平均引水量,得出在正常情况下,灌溉间隔期水库蓄存总水量(见表1-7-8)。

表1-7-8中,灌溉间隔期煤矿排水量=煤矿日排水量×灌溉间隔期天数;灌溉间隔期水库蓄存的总水量=煤矿排水量+东干渠灌溉间隔期内引水量(计算所取的灌溉间隔期按最短灌溉时间考虑,取值为最长灌溉间隔期)。

配套灌区每次灌溉期结束后水库剩余的蓄存水量=灌溉间隔期水库蓄存总水量-相邻灌溉期农作物灌溉需水量。例如:冬小麦冬灌—拔节灌溉间隔期水库蓄存总水量约453.37万 m^3,相邻小麦拔节期灌溉需水量326万 m^3,则小麦拔节灌溉期结束后水库剩余的蓄存水量=453.37-326=127.37(万 m^3)。

通过表1-7-8中非汛期即冬小麦灌溉间隔期水库蓄存总水量和水库配套灌区灌溉期需水量、水库兴利库容对比可以看出,在各灌溉间隔期配套水库蓄存总水量小于水库兴利库容,可以被水库容纳。在冬小麦冬灌—拔节灌溉间隔期内水库蓄存总水量453.37万 m^3大于其配套灌区灌溉期需用水量326万 m^3,即水库蓄存的总水量不能被其配套灌区在一个灌溉期结束时完全利用掉,但蓄存至相邻下一个灌溉期结束时可以被完全利用掉。

通过计算,水库在冬小麦拔节期结束剩余的蓄存水量约127.37万 m^3,加上相邻冬小麦拔节—抽穗灌溉间隔期水库蓄水量约80.68万 m^3,共计208.05万 m^3在小麦抽穗期灌溉后可以被完全消耗掉。

通过以上分析,在非汛期即冬小麦灌溉间隔期内,配套水库的兴利库容及其控制的灌溉面积可以保证本矿井排水进入跃进渠东干渠配套水库蓄存,并且被其配套灌区灌溉时消耗掉,该时段的矿井排水利用方案是可行的。

表1-7-8　农作物物灌溉间隔期内配套水库蓄存总水量和水库库容、水库控制灌区灌溉需水量对比

农作物灌溉季节	冬小麦（10月至次年5月）				夏玉米（6~9月）		
	冬灌	拔节	抽穗	灌浆	拔节	抽雄	灌浆
灌溉时间（月-日）	12-11~12-15	03-20~03-24	04-22~04-26	05-13~05-17	07-01~07-04	08-01~08-04	09-01~09-04
非灌溉期天数（d）	95（12-16~03-19）	28（03-25~04-21）	16（04-27~05-12）	44（05-18~06-30）	27（07-05~07-31）	27（08-05~08-31）	96（09-05~12-10）
东干渠引水蓄存量（万m³）	179.65			235.6			21.6
华安煤业排入水库量（万m³）	105.38	31.06	17.75	48.81	29.95	29.95	106.49
伦掌煤矿排入水库量（万m³）	168.34	49.62	28.35	77.97	47.84	47.84	170.11
水库蓄存总量（万m³）	453.37	80.68	46.1	362.38	77.79	77.79	298.2
水库配套灌区灌溉需水量（万m³）	326	326	326	326	274	274	274
配套灌区每次灌溉期结束后水库剩余的蓄存量（万m³）	127.37				88.38		
水库兴利库容（万m³）550							

注：表中东干渠引水量为2008~2010年月引水量平均值，蓄存至水库引水量为灌溉间隔期内引水量。

（2）汛期矿井排水利用方案分析（6～9 月）。

夏玉米灌溉间隔期处于汛期季节，配套水库蓄水量主要来自于该时段内的降水量、东干渠引水量以及两煤矿的排水量。

汛期进入水库的降水量＝降水产生的径流深×产流的流域面积

$$= \frac{配套水库控制流域面积地表水资源量}{集水面积} \times 产流的流域面积$$

配套水库控制流域面积地表水资源量采用安阳县西部山区天然径流量系列进行雨量加权的面积比缩放方法计算。其计算公式为

$$W_{区域} = R_{参证} \cdot F_{区域} \cdot P_{区域}/P_{参证}$$

式中：$W_{区域}$ 为配套水库控制流域面积地表水资源量；$R_{参证}$ 为安阳县西部山区天然径流深，162.6 mm；$F_{区域}$ 为配套水库控制流域面积，18.6 km^2；$P_{区域}$ 为配套水库控制流域面降水量，mm；$P_{参证}$ 为安阳县西部山区流域面降水量，mm。

根据安阳县西部山区多年水文资料综合分析计算，汛期配套水库控制流域面积多年平均地表水资源量为 137.43 万 m^3，折合径流深度 73.9 mm；$P=50\%$ 保证率地表水资源量 113.25 万 m^3，折合径流深 60.9 mm；$P=75\%$ 保证率地表水资源量 89.65 万 m^3，折合径流深 48.2 mm；$P=95\%$ 保证率地表水资源量 63.33 万 m^3，折合径流深 34.0 mm（详见表 1-7-9）。

表 1-7-9　不同保证率配套水库控制流域面积水资源量　　（单位：万 m^3）

保证率	月径流量（万 m^3）（集水面积 18.6 km^2）				合计
	6 月	7 月	8 月	9 月	
$P=50\%$	20.15	24.13	27.84	41.13	113.25
$P=75\%$	19.92	20.76	32.86	16.11	89.65
$P=95\%$	16.01	20.09	13.07	14.16	63.33
多年均值	15.86	31.77	58.59	31.21	137.43

通过计算，汛期进入配套水库的降水量多年平均为 137.43 万 m^3，$P=50\%$ 保证率时，进入配套水库的降水量为 113.25 万 m^3；$P=75\%$ 保证率时，进入配套水库的降水量为 89.65 万 m^3；$P=95\%$ 保证率时，进入配套水库的降水量为 63.33 万 m^3。

配套水库的总兴利库容约 550 万 m^3，按汛期进入配套水库的降水量多年平均值 137.43 万 m^3 考虑，结合表 1-7-8，汛期配套水库蓄存的东干渠引水量最大值为 235.6 万 m^3，则水库容纳降水量和东干渠引水量之后的剩余兴利库容 = 550－137.43－235.6 = 176.97（万 m^3）；汛期两煤矿排水量最大值 = 77.97 + 48.81 = 126.78（万 m^3），扣除水库蒸发、渗漏损失 10%，则两煤矿疏干水进入水库蓄存的最大水量 = 126.78 － 126.78 × 10% = 114（万 m^3）。由此可以看出，水库的剩余兴利库容大于水库需蓄存的煤矿疏干排水量。也就是说，在汛期即夏玉米灌溉间隔期内，配套水库兴利库容是可以容纳矿井疏干排水量的。

由表 1-7-8 计算出汛期在冬小麦灌浆—夏玉米拔节灌溉间隔期内水库蓄存水量约 362.38 万 m^3 大于其配套灌区灌溉期需用水量 274 万 m^3，即水库蓄存的总水量不能被其配套灌区在一个灌溉期结束时完全利用掉，但蓄存至相邻下一个灌溉期结束时可以被完全利用掉。

通过计算,水库在玉米拔节期结束剩余的蓄存水量约 88.38 万 m³,加上相邻玉米拔节—抽雄灌溉间隔期水库蓄水量约 77.79 万 m³,共计 166.17 万 m³ 在玉米抽雄期灌溉后可以被完全消耗掉。

另外,跃进渠灌区管理局还预留了 2 个小(2)型水库及灌区水塘(东石村水库和李辛庄水库及灌区水塘总库容约 39.5 万 m³)用于汛期调配,更大程度地保证了配套水库的兴利库容在汛期时段可以容纳本矿井排水量。

通过以上分析,在汛期即夏玉米灌溉间隔期内,配套水库的兴利库容和其控制的灌溉面积可以保证本矿井排水进入跃进渠东干渠配套水库蓄存,并且被其配套灌区灌溉时消耗掉,该时段的矿井排水利用方案是可行的。

综上对灌溉期和灌溉间隔期、非汛期和汛期矿井排水利用方案分析,认为本矿井水进入东干渠及配套水库用于农田灌溉是可行的。

7.4.5 结论

根据前面章节分析可知,河南华安煤业有限公司矿井排水能够达到《煤炭工业污染物排放标准》(GB 20426—2006)中新(扩、改)建生产线标准的要求和《污水综合排放标准》(GB 8978—1996)中一级标准,同时满足《农田灌溉水质标准》(GB 5084—2005)中旱作类水质要求。因此,矿井排水水质满足安阳县跃进渠灌区管理局的水质要求。

综上所述,河南华安煤业有限公司煤矿项目矿井排水进入跃进渠东干渠灌区的利用方案设计合理、可行。

7.5　退水影响分析

7.5.1　退水影响分析

正常情况下,本项目的废污水主要包括工业废水和生活污水。全厂废污水按清污分流、回收利用的原则进行系统设计。矿井排水经处理后部分用于生产、生活水源,其他剩余水满足《煤炭工业污染物排放标准》(GB 20426—2006)中新(扩、改)建生产线标准的要求和国家污水一级排放标准后,外排进入伦掌镇谷驼电站上游跃进渠东干渠段,由安阳县跃进渠灌区管理局统一调度分配。

跃进渠东干渠目前主要容纳上游引水和河南超越煤业股份有限公司伦掌煤矿矿井排水。通过前面第 7.4 节分析,在灌溉期,跃进渠东干渠灌区控制的灌溉面积可以保证其所容纳的水量被消耗掉;在非灌溉期(灌溉间隔期),东干渠配套水库的兴利库容在保证汛期降水量、东干渠引水量以及伦掌煤矿排水量进入灌区蓄存于水库之后,剩余的兴利库容可以容纳本矿井排水蓄存至水库,并用于水库控制的灌区灌溉。因此,本矿井排水进入跃进渠东干渠后,在农作物灌溉季节和非农灌季节均对跃进渠东干渠引水和伦掌煤矿排水基本无影响。

正常排水条件下矿井排水流经区域大部分区域无基岩裸露,且植被覆盖率高,对污水中的污染物具有吸附、沉淀和降解的作用,且排水中无难降解有毒、有害污染物,因此项目排水对地下水水质的影响不大。

当矿井排水量大于矿井正常排水情况时,应及时通知安阳县跃进渠灌区管理局,并严格服从管理局对渠道及配套小水库工程建设需要和灌区防汛抗旱、排洪等方面事宜的协调和调度。

7.5.2 排污风险分析

煤矿可能会出现非正常工况下井下排水量过大,超出污水处理系统处理能力(800 m³/h);以及在煤矿污水处理系统出现故障时,因出水水质变差而不能完全重复利用,此时退水量大、水质差,不能达到污水排放标准的要求。为了使非正常工况下的废水充分得以资源化利用,同时降低事故排污风险的发生,防止不达标污废水外排,论证建议业主单位可采用以下具体措施:

建设1座事故水池,当事故情况下井下排水超出污水处理系统处理能力时,可充分利用设置的事故水池蓄存此部分水量,日后再由污水处理系统和其他处理方式进行处理达标后回用。

当污水处理系统发生事故时,建议应立即采取维修措施,若污水处理系统维修时间较长,建议矿方短时间内调整运行方式,尽量减少排污量。

若废污水总量已超过废污水缓冲池最大存蓄容量,或特殊污染物处理一时达不到排放要求,应立即采取有效措施,避免将多余的超标废污水直接排入当地地表河道,导致排污事故的发生。矿方应按照有关规定,及时向当地环保和水行政主管部门汇报,并做好相应的应急措施,力争将影响降至最低点。

矿方在采取以上措施后,可以有效地避免因厂区废水直接排入地表河道而导致的水环境污染事故。因此,在相关预防措施得以保障的前提下,煤矿的退水不会对当地水环境产生影响。

7.6 东干渠配套蓄水水库汛期防洪分析

考虑水库防洪问题,根据收集到的矿井水进入东干渠灌区涉及的各配套水库水文特征资料,该区年最大24 h降水量100 mm,详细水文特征见表1-7-10,对汛期水库防洪问题进行分析。

表1-7-10 东干渠配套水库水文特征

水库类型	水库名称	流域面积(km²)	重现期(a)	24 h水量(mm)	洪水总量(万m³)	校核洪水位库容(万m³)
小(1)型水库	韩家寨	1	1 000	498	39.3	105
	水浴	1.1	1 000	497	43.2	100
	上天助	5.0	100	337	124.5	135.5
	小坟	2.75	500	448	96.8	105.7
	何坟	0.8	500	477	27.7	137.3

续表 1-7-10

水库类型	水库名称	流域面积（km²）	重现期（a）	24 h 水量（mm）	洪水总量（万 m³）	校核洪水位库容（万 m³）
小（2）型水库	众乐	0.5	500	449	17.5	18.9
	西柏涧	0.6	100	336	14.9	16.9
	李家村一号	0.5	500	447	17.5	19.5
	李家村二号	2.0	3	105	11.8	17.2
	牛河	1.05	200	384	30.7	33.7
	张贾店	2.5	500	449	87.3	47
	大街	0.8	500	448	28.1	20.8
合计		18.6			539.3	757.5

注：年最大 24 h 降水量为 100 mm。

由表 1-7-10 中数据可以看出，除李家村二号水库外，其他水库遭遇洪水均为超过百年一遇，各水库在遭遇 24 h 最大降水量时的洪水总量为 539.3 万 m³，而各配套水库相应校核洪水位库容为 757.5 万 m³，剩余库容为 218.2 万 m³。

根据安阳县多年降水量资料，降水多集中在夏季 6~8 月，降水量 391.2 mm，占全年降水量的 64.5%。季内分配以 7 月最多，达 186.4 mm，占季降水量的 47.6%，占全年降水量的 30.8%；8 月为 147.0 mm，占季降水量的 37.6%；6 月为 57.8 mm，占季降水量的 14.8%。从以上降水量数据可以看出，每年的 7 月、8 月是配套水库的防洪时间。

结合表 1-7-9，在 7 月、8 月农作物灌溉间隔期间，两煤矿排入配套水库的水量均为 77.79 万 m³。而 7 月夏玉米拔节期灌溉后剩余前期排入水库水量 88.38 万 m³，经 8 月夏玉米灌溉后，前期水量均能被消耗，则 7 月、8 月农作物灌溉间隔期，煤矿退水蓄存水库的最大剩余水量为 166.17 万 m³，小于剩余库容 218.2 万 m³。从表 1-7-10 中数据分析，年最大 24 h 降水量为 100 mm，而重现期 24 h 降水量基本远超于该值，加之水库渗漏和蒸发，在汛期煤矿退水进入水库情况下，剩余库容基本可以满足水库的防洪需要。

通过 7.4.4 部分的分析计算，以及对比表 1-7-10 中的校核洪水位库容和洪水总量，建议跃进渠灌区管理局在汛期优先安排流域面积小、校核洪水位下库容大的韩家寨、水浴、何坟等水库接纳煤矿退水；建议在 5~9 月的非灌溉期尽量减少漳河引水蓄存于上述 12 个配套水库，以保证配套水库的防洪需求；建议制订详细的调度方案，以确保汛期来临后水库的防洪需要。

7.7　污水排放对水环境的影响

矿坑水经处理后回用于矿井生产、生活用水，多余部分从伦掌镇谷驼电站上游的谷驼节制闸处进入跃进渠东干渠灌区。其水质能够满足《煤炭工业污染物排放标准》（GB 20426—2006）中新（扩、改）建生产线标准的要求和《污水综合排放标准》（GB 8978—1996）一级标准的要求，也可满足《农田灌溉水质标准》（GB 5084—2005）的要求，对区域水环境影响较轻。

7.8　固体废物对水环境的影响

建设期排弃的固体废物主要为井筒、井底车场、硐室和大巷、采区开凿排出的岩巷岩石及煤矸石,矿井锅炉房灰渣和少量生活垃圾。固体废物若随意堆放将占压土地,雨水冲刷可能污染土壤和水体,大风干燥季节可能形成扬尘污染。

7.8.1　矸石

河南华安煤业有限公司矿井为煤巷开拓,井下产生的矸石量很少,产矸量为3.6万t/a,出于经济效益的考虑,井下产矸全部用于充填井田废弃巷道,不出井。选煤厂洗矸排放量为21.56万t/a。洗矸将全部用于鹤壁煤电公司综合利用电厂发电和沉陷区的治理。在工业场地东侧设置4.49 hm²的矸石周转场,可存矸70万t。矸石堆场淋溶水经导流沟引入矿井水处理系统。

7.8.2　灰渣

矿井锅炉房灰渣排放量为2 560 t/a。锅炉灰渣是制作建材的良好材料,灰渣定期可以销售至附近水泥厂作为添加剂,或被当地村民作为建筑材料。根据鹤壁煤电有限公司其他矿井锅炉灰渣的处置情况调查可知,锅炉灰渣均被当地农民拉走用于制作建筑材料,供不应求。

7.8.3　生活垃圾

预计生活垃圾总排放量为976.8 kg/d,年产生活垃圾293 t。生活垃圾入垃圾筒,再由垃圾车定期就近运至当地市政部门指定场所统一处置。工业场地生活污水处理设施每年产生污泥16~20 t(干污泥),可研提出污泥经机械脱水后与生活垃圾一起处理。

综上所述,矿井生产中排弃的固体废物主要是矸石。矸石堆经雨水淋溶后部分物质分解,并随雨水径流渗入地下水,对浅层地下水的影响程度大小取决于矸石堆淋溶水中物质成分及大气降水的酸碱度等因素。

2005年8月,经陕西省煤田地质局综合实验室对河南华安煤业有限公司煤矿邻近的果园煤矿煤矸石进行了浸泡试验。

7.8.3.1　溶样方法

每个样品分别称10.0 g,加水1 L浸泡72 h,为促使样品中可溶性盐类的溶解,样品加水后加热至70 ℃左右,并搅拌促进样品溶解。72 h后将样品过滤,得到4 L分析试液。

7.8.3.2　分析测试方法

浸泡液分析测试方法见表1-7-11。

表 1-7-11　矸石浸泡液试验分析方法、来源

分析项目	测定方法	来源
pH	玻璃电极法	GB/T 1555.12—1995
氟化物	离子选择性电极法	GB 8538.36—87
氯化物	硝酸盐滴定法	GB 8538.37—87
硫化物	碘量法	GB 8538.41—87
Hg	原子吸收分光光度法	GB 8538.17—87
Cd	原子吸收分光光度法	GB 8538.17—87
As	二乙基二硫代氨基甲酸银分光光度法	GB 8538.33—87
Cr^{6+}	二苯碳酰二肼分光光度法	GB 8538.18—87
Pb	原子吸收分光光度法	GB 8538.17—87
Cu	原子吸收分光光度法	GB 8538.17—87
Zn	原子吸收分光光度法	GB 8538.17—87

7.8.3.3　分析结果

矸石浸出液浓度值与各环境质量标准要求的浓度值对比情况见表 1-7-12。

表 1-7-12　矸石浸出液分析结果　　　　　　　（单位：mg/L，pH 除外）

评价标准	pH	F^-	Cl^-	S^{2-}	Hg	As	Cd	Cr^{6+}	Pb	Cu	Zn
顶板	9.1	0.64	0	<1.0	<0.04	0.013	0.001	<0.01	0.111	0.001	0.049
夹矸	8.8	0.20	0	<1.0	<0.04	—	0.001	<0.01	0.157	0.001	0.048
底板	8.1	0.50	0	<1.0	<0.04	0.007 4	0.001	<0.01	0.093	0.001	0.053
平均值	8.67	0.47	0	<1.0	<0.04	0.006 8	0.001	<0.01	0.120	0.001	0.050
《危险废物鉴别标准》（GB 5085.7—2007）	—	50	250	—	0.05	1.5	0.3	1.5	3.0	50	50
《污水综合排放标准》（GB 8978—1996）	6~9	10		1.0	0.05	0.5	0.1	0.5	1.0	0.5	2.0

试验结果表明，矸石浸出液中各类有害物质浓度均远低于《危险废物鉴别标准》（GB 5085.7—2007）的限值，由此可初步判断河南华安煤业有限公司煤矿项目煤矸石不属于危险固体废物；而浸出液中污染物浓度远低于《污水综合排放标准》（GB 8978—1996）中一级标准限值，依据《一般工业固体废物贮存、处置场污染控制标准》（GB 18599—2001），可进一步判定河南华安煤业有限公司矿井及选煤厂排放的煤矸石属"Ⅰ类"一般工业固体废物。

由于浸泡液中包括重金属在内的各类污染物浓度很低，因此通过表土层入渗后不会对浅层地下水产生污染影响。

8　水资源保护措施

8.1　工程措施

施工废水主要有配料溢流、建筑材料及设备冲洗水等废水，需要进行收集和处理，工地要设废水沉淀池，对施工废水进行沉淀处理，然后复用于搅拌砂浆等施工环节。

施工人员集中居住地要设经过防渗处理的旱厕所，对厕所应加强管理，定期喷洒药剂。施工人员产生的生活污水较少，在施工区设 1 个 200 m³ 污水池，收集施工生活污水（主要为食堂污水和洗漱水），经沉淀处理后，用于建筑用水或道路洒水，防止二次扬尘。

施工期间井筒和巷道掘进会有少量矿井涌水产生，由管道排至地面污水池，经沉淀处理后复用于施工用水。

应按《建筑物、水体、铁路及主要井巷煤柱留设与压煤开采规程》的规定，对地面建筑物以下设保安煤柱，严格控制越界开采。煤炭开采时要严格选取保护层厚度，根据具体的采煤方法和开采厚度，确定防水煤岩柱的尺寸，确保导水裂隙带不波及上部含水层及地表，防止对农村饮用水源产生影响。

加强厂区绿化，增加绿化面积；煤炭输送和贮存采取密闭走廊和筒仓，原煤、洗精煤露天堆场应采取硬化措施，雨水收集后处理回用；建设矿坑水、生活污水及地面生产系统污废水收集处理系统，防止污废水下渗及外排对区域水环境产生影响。

提高矸石和锅炉炉渣等废物的综合利用率，矸石场投入运行之前应首先建设拦渣坝和防洪排水系统，并严格选取堆矸工艺，保证矸石场安全运行，防止矸石淋溶液下渗污染水环境。

考虑矿井事故状态下的污废水排放和蓄存，矿方应建设一座事故水池，以接纳事故状态下的污废水，防止不达标污废水外排。

8.2　非工程措施

8.2.1　贯彻执行国家和地方制定的法律、法规

贯彻执行《中华人民共和国水法》等法律法规，合理开发、利用、节约和保护水资源。采用节水先进的技术、工艺和设备，实行计划供水和计量管理，降低用水定额，提高水的重复利用率，实现水资源的可持续利用。

8.2.2　严格按照有关规定安全生产，杜绝矿井突水事件

矿山生产过程中可能遇到的井下灾害有矿坑突水、瓦斯爆炸、煤尘爆炸等。矿区开采

过程中可能诱发的地质环境问题主要是煤层开采对地下水资源的破坏,废水排放、矸石淋滤对地下水的污染等,矿井开采过程中一定要先探后采,防止矿坑突水,保护水资源。

(1)严格按照《煤矿安全规定》及《煤矿防治水规定》的要求,对地面建筑物以下设保安煤柱,严格控制越界开采。对水体下采煤的可靠性和安全性进行评价,合理留设安全煤岩柱。煤炭开采时要严格选取保护层厚度,根据具体的采煤方法和开采厚度,确定防水煤岩柱的尺寸,确保导水裂隙带不波及上部含水层及地表。

(2)矿井在开采过程中必须进行煤田水文地质勘探工作,查清井田内带压开采条件,制定带压开采条件下,防治奥灰水突水的应急预案。煤矿开采时必须坚持"预测预报、有疑必探、先探后掘、先治后采"的原则。

8.2.3　禁止乱堆、填埋固体原材料和废物

禁止向沟内随意倾倒和在地表填埋、堆放固体原材料和废物,企业的原材料应当考虑其污染程度进行适当存放,固体废物应根据其污染程度进行合理填埋。要合理堆放原煤和煤矸石,防止降水淋滤、冲刷,有效地保护地下水和地表水资源。

8.2.4　加强生态植被建设,防止水土流失

在项目建设过程和生产运营中,执行水土保持的有关法规、政策,对矿区因采煤引起的地面变形、裂缝、塌陷等破坏的植被要进行覆田再植,加强生态植被建设,减少水土流失,涵养水源,增加对地下水的有效补给。

煤矿应按《建筑物、水体、铁路及主要井巷煤柱留设与压煤开采规程》的规定留设保护煤柱,主要包括村庄、矿界、大巷、工业场地、井筒、道路及耕地等主要设施。

地表塌陷所形成的裂缝,应及时组织人员用黄土充填并夯实,恢复到可安全使用的程度。

建立、健全地表塌陷观测站,积累资料,总结经验,为地表塌陷治理提供科学依据。

及时开展沉陷区的治理工作,按当地的土地利用规划和环保规划,对沉陷区进行综合治理,生态环境的改善,有利于水环境的改善。

8.2.5　加强水源动态监测

业主单位应定期对地下水进行水量、水质、水位动态监测,形成制度,以准确、及时地反映当地浅层地下水和岩溶水水量、水质、水位的动态变化特征,并注重水位变化规律,报当地水行政主管部门备案,更好地服务于生产,提高经济效益。

9　建设项目取水和退水影响补偿建议

按照《建设项目水资源论证管理办法》的要求,根据建设项目取水、退水对其他用水户的权益的影响,制定影响其他用水户权益的补救和补偿方案。

9.1　补偿基本原则

建设项目水资源论证中,在对由建设项目取水、退水造成的负面影响编制补偿方案(措施)时,一般遵循如下基本原则:

(1)坚持"水资源的可持续利用"的方针和开源、节流、治污并举,节水、治污优先的原则。

(2)坚持开发、利用、节约、保护水资源和防治水害综合利用的原则。

(3)坚持水量与水质统一的原则。建立健全保护水资源、恢复生态环境的经济补偿机制。

(4)坚决维护国家权益,遵循公开、公平、公正和协商、互利的原则。

9.2　补偿方案(措施)建议

9.2.1　建设项目取水补偿

从对水资源的损耗的角度考虑,开拓矿井排出地下水与凿井抽取地下水性质是相同的。河南华安煤业有限公司煤矿项目前期一般不会对矿区内其他用水户造成影响;但随着煤矿的开采,导水断裂带的存在可能造成地表整体塌陷,使得地表水深入地下或矿坑,引起含水层破坏、水质污染、水位下降等问题,从而影响周围村庄的人畜饮用水安全。因此,建议项目业主单位应对煤矿开采影响范围内的农村饮用水源采取保障措施,当出现机井水位大幅度下降等影响附近村庄人畜用水问题时,煤矿要采取补救措施,妥善解决出现的问题。对采煤塌陷区进行治理,对影响较严重的居民区实施搬迁,对因本项目建设造成饮用水困难的矿区附近村民建立供水系统,解决其用水问题。

9.2.2　建设项目退水补偿

建设项目设有专门的污水处理系统,同时退水水质符合《农田灌溉水质标准》(GB 5084—2005)的要求后进入跃进渠东干渠灌区,农灌季节直接用于农田灌溉,非农灌季节进入跃进渠东干渠配套水库蓄存,以供附近村民后期农田灌溉。由于煤矿排水经处理后能够达《农田灌溉水质标准》(GB 5084—2005)的要求,一般情况下不会造成地表水污染,不会影响当地居民生产、生活用水。而且煤矿排水不进入河道和水功能区,除自身循环利用部分外,其余部分水进入跃进渠东干渠灌区后完全被消耗利用掉,不会对河道水功能区产生较大负面影响。

　　煤矿工业废水如果不经处理或处理不达标直接排入下游河道,将会对水功能区产生较大影响,使当地生活、生产用水受到影响。建议煤矿业主提出切实可行的突发性水污染预处理机制与方案。当突发性水污染事件发生时,煤矿业主应向河流沿线群众提供必要的生活、生产用水,并与当地政府协商有关赔偿具体事宜。

10　结论与建议

10.1　结　论

10.1.1　取用水的合理性

10.1.1.1　取水合理性

河南华安煤业有限公司煤矿位于河南省安阳市安阳县境内。根据划定井田范围内获得的资源量和煤层赋存条件,本矿井设计生产能力180万 t/a,设计服务年限52.8 a,并配套建设有相应规模的选煤厂。煤矿所在区不属于重要地下水资源补给区和生态环境脆弱区,也不属于在地质灾害危险区等禁采区。煤矿项目建设符合国家煤炭相关政策。

河南华安煤业有限公司煤矿采用矿井排水作为煤矿生产、生活及消防用水。矿井正常涌水量为 546.68 m^3/h(13 120.32 m^3/d)。矿井取水量按正常涌水量计算,故本矿井正常取水量为 546.68 m^3/h (13 120.32 m^3/d),年取水量478.89 万 m^3(按365 d计算)。

本项目以矿井排水作为用水水源,提高了煤矿矿井排水的综合利用率,减少了矿井排水对当地的排泄量。同时,处理后的矿井水进入伦掌镇谷驼节制闸下游的跃进渠东干渠灌区,由安阳县跃进渠灌区管理局统一调配用于灌区灌溉,这样不仅减小了对当地第四系地下水的过量开采,而且充分利用了矿井生产过程中的矿井水。上述属于合理开发利用煤矿排水再生资源,节约水资源和保护当地水环境的重要措施。因此,建设项目规划的取水方案符合国家《水利产业政策》。

10.1.1.2　用水合理性

本项目矿井单位产品取水量为 0.446 m^3/t,略高于《河南省用水定额》(DB41/T 385—2009)的要求。选煤单位产品取水量为 0.024 m^3/t,满足《河南省用水定额》(DB41/T 385—2009)的要求。该项目职工生活综合用水 223.63 m^3/(人·a),不符合《河南省用水定额》(DB41/T 385—2009)中关于城镇人均综合生活用水量 52~97.5 m^3/(人·a)的指标要求,有一定的节水潜力。

根据对煤矿各生产工艺的用水环节分析和节水措施与潜力分析,核定河南华安煤业有限公司煤矿项目,在正常供水情况下,矿井总用水量为 2 465.25 m^3/d,年用水量83.01 万 m^3(生产用水按 330 d计,生活用水按 365 d计)。其中,生产用水量 1 991 m^3/d(合65.7万 m^3/a),生活用水量 474.25 m^3/d(合 17.31 万 m^3/a),生活污水经处理后回用于生产用水量273.47 m^3/d(合 9.03 万 m^3/a),则生产取用新水量为 1 717.53 m^3/d(合 56.68 万 m^3/a)。

因此,正常生产情况下矿井取水量为 2 191.78 m^3/d,包括生产取水量为 1 717.53 m^3/d,生活取水量 474.25 m^3/d。煤矿全年生产按 330 d计,生活用水按 365 d计算,则合理年取水量为 73.99 万 m^3/a。

经过核减后,本项目矿井单位产品取水量为 0.322 m^3/t,符合《河南省用水定额》(DB41/T 385—2009)的要求;选煤单位产品取水量为 0.089 m^3/t,满足《河南省用水定额》(DB41/T 385—2009)的要求;该项目职工生活综合用水 97.5 $m^3/$(人·a),符合《河南省用水定额》(DB41/T 385—2009)的要求。

10.1.2　取水水源的可靠性与可行性

生活及消防取水地点为工业广场内的疏干排压井;生产用水采用一级排水系统,在 -840 m 水平井底车场附近建立主排水泵房,将矿井涌水沿副井井筒直接排到地面。本矿井正常涌水量 546.68 m^3/h(13 120.32 m^3/d),核定后矿井正常生产、生活取水量为 2 191.78 m^3/d,年取水量 73.99 万 m^3,仅占矿坑正常涌水量的 16.7%。因此,取用矿井疏干排水作为矿井生产、生活用水,其水量是可靠的。

疏干排水经过水质分析评价,其水质满足矿区生活用水。矿井水作为特殊形式的地下水,受开采过程中煤尘污染,悬浮物和 COD 含量较高,经过混凝、沉淀、过滤、消毒处理后,水质分析评价认为取水水源的水质完全可以满足矿区工业用水。经处理后回用于井下生产用水、洗煤补充水及风井场地灌浆用水,符合国家和河南省保护水资源,充分利用矿坑水的有关要求;且矿坑水经井下水处理站沉淀、过滤等一系列处理措施后,能够满足井下消防、洒水及洗煤用水、农灌用水等水质要求。

因此,将矿井排水作为生产、生活的取水水源是可靠和可行的。

10.1.3　取水、退水的影响及补偿

10.1.3.1　取水影响分析

1.对地下含水层的影响分析

二$_1$煤层导水裂隙带发育高度最低 46.26 m,最高 55.21 m。二$_1$煤层的开采,不会破坏新生界冲洪积层孔隙含水层组。顶板砂岩含水层位于二$_1$煤开采的导水裂隙带内,是二$_1$煤开采的主要充水来源,但由于顶板砂岩裂隙含水层不是供水意义的含水层,因此对当地生产、生活产生影响较轻。井田内奥陶纪灰岩水位于开采的二$_1$煤层底板下部 126.23 ~ 133.56 m 深处,埋藏较深,补给源较远,且有本溪组铝质泥岩隔水层,该隔水层一般能有效阻隔其下伏奥灰含水层水对其上覆煤层开采的影响。但由于奥陶系灰岩含水层富水性极强,导水断层、陷落柱会造成矿井突水。但是该含水层不是供水意义的含水层,而且矿井设计已预留了保护煤柱,一般情况下不会发生突水事故。建议煤矿在开采时做好岩移观测,制定解决措施严防突水事故的发生。

2.对珍珠泉的影响

本矿井首采区双全井田位于东傍左—水冶岩溶强径流带的东部。由图 1-6-1 可以看出,珍珠泉泉域内地下水自西向东径流,于两阻水断层交汇处受阻承压,地下水以珍珠泉形式排泄。而本矿井位于阻水断层的东部,属于地下水深部径流区,煤矿开采不会影响泉流量,不会污染泉域地下水资源,而且本矿井在珍珠泉附近留设了 1 600 m 的保护煤柱,因此在矿井开采得当的情况下对珍珠泉基本无影响。

为确保安全,建议矿方做详细的水文地质勘察工作,做好防水煤柱安全工作,当回采工作面接近断层时,应遵循先探后采的原则,确保煤矿开采不对珍珠泉造成影响。

3.对地表水体的影响

本矿井区域内主要有汾洪江和跃进渠东干渠部分支渠。

本矿井在汾洪江河床最低处煤层底板埋深约683 m,根据煤层开采后导水裂隙带发育高度的计算,本井田煤炭开采后导水裂隙带的最大高度为55.21 m,距河床最低点还有627.79 m的距离,开采沉陷产生的导水裂隙带不会直接影响到河床底部,对河水的径流方式基本无影响。

煤矿开采有引发地面沉陷的可能性,但由于本矿井煤层采深比较大,厚度比较小,所以引发地面沉陷的可能性比较小。

为确保安全,建议矿方实时监测汾洪江和跃进渠东干渠支渠范围内地面变形情况,采取有效的开采保护措施,将引发地面沉陷的可能性降到最低。

4.对水库的影响

本矿井首采区双全井田外围西侧有双全水库,后期其他开采地段矿区范围与彰武水库部分重叠,本矿井开采可能对双全水库和彰武水库有影响。

1)对双全水库的影响

本煤矿在双全水库附近煤层开采深度约790 m,根据煤层开采后导水裂隙带发育高度的计算,本井田煤炭开采后导水裂隙带的最大高度为55.21 m,不会与新生界含水岩组及地表水体发生水力联系。所以,矿井开采后形成的导水裂隙带不会影响双全水库。

煤矿开采有可能引发地面沉陷,所以需计算煤矿开采引起的地面沉陷影响范围。根据《建筑物、水体、铁路及主要井巷煤柱留设与压煤开采规程》要求,煤矿开采引起的地面沉陷影响范围采用垂线法计算。参考鹤壁矿区参数取值及区域地层资料,计算出煤矿开采在双全水库方向引起的地表沉陷影响范围为280.5 m;根据《建筑物、水体、铁路及主要井巷煤柱留设与压煤开采规程》第49条规定,双全水库围护带宽度取15 m,则双全水库的保护煤柱宽度为290.5 m。而本井田留设保护煤柱距离双全水库最近约330 m。所以,煤矿开采可能引发地面沉陷,不会影响双全水库。

根据《水库大坝安全管理条例》(国务院令第78号,1991年3月22日)及《安阳市洹河管理办法》(安阳市人民政府令第11号,2004年3月1日),双全水库大坝管理范围为:主坝下游坡脚外100 m,副坝下游坡脚外50 m;水库大坝的保护范围为:主副坝管理范围外延300 m,即双全水库大坝最大保护范围为400 m。本矿井保护煤柱距离水库大坝最近距离约700 m。因此,矿井开采对双全水库大坝基本无影响。

2)对彰武水库的影响

彰武水库位于井田后期其他开采地段内的南部,彰武水库大坝最大保护范围为500 m,而本矿井对彰武水库留设了1 200 m的保护煤柱,因此矿井开采对彰武水库基本无影响。

为确保安全,建议业主单位加强矿区开采过程中地表沉陷变化的巡视和监测,采取有效的开采保护措施,将引发地面沉陷的可能性降到最低。

5.对第三者取用水的影响

河南华安煤业有限公司煤矿排水除用于矿井自身正常生产、生活用水外,剩余矿井排水达标外排至跃进渠东干渠用于农田灌溉。根据矿区排水与供水平衡分析,矿井涌水量远超过煤矿自身正常生产、生活用水量。因此,本煤矿不会与区内其他用水户发生争水现象。

本井田煤炭开采后导水裂隙带的最大高度为 52.21 m,在导水裂隙带上方至松散层含水层之间最小垂直距离仍有 650.79 m,其间尚有二叠、三叠系隔水层厚度大于 300 m,有效阻隔地表水、浅层地下水进入二,煤矿井。从煤矿开采后对上覆岩层的破坏产生的导水裂隙带分析,煤炭的开采不会影响浅层地下水,造成水位的下降。

但由于导水断裂带的存在,随着煤矿的开采,可能造成地表整体塌陷,使得地表水深入地下或矿坑,从而影响周围村庄的人畜饮用水安全。因此,矿方应加强对附近村庄水井的水位监测,如影响到人畜用水,应由矿方负责及时解决当地村庄人畜饮用水问题。

10.1.3.2　退水影响分析

正常工况下,本项目的废污水主要包括工业废水、生活污水和矿井排水。全厂废污水按清污分流、回收利用的原则进行系统设计。矿井排水经处理后 73.99 万 m^3/a(2 191.78 m^3/d)用于生产、生活水源,剩余 404.9 万 m^3/a(11 093.15 m^3/d)满足《煤炭工业污染物排放标准》(GB 20426—2006)中新(扩、改)建生产线标准的要求以及国家污水一级排放标准水质要求,同时满足《农田灌溉水质标准》(GB 5084—2005)旱作类水质要求,通过管道进入伦掌镇谷驼节制闸下游跃进渠东干渠灌区,全部由安阳县跃进渠灌区管理局调度分配,用作灌区农田灌溉,不外排进入下游河道及水功能区。矿井排水进入跃进渠东干渠灌区后,基本可以满足灌区配套水库的防洪需要,且能够在灌区被消耗利用,对跃进渠上游引水和进入东干渠灌区的伦掌煤矿排水基本无影响。矿井排水经处理达标后被煤矿生产、生活利用,多余水处理达标后作为跃进渠东干渠灌区的灌溉用水,对周边水环境影响较轻。

非正常工况下,井下排水量过大,超出污水处理系统处理能力;以及在煤矿污水处理系统出现故障时,因出水水质变差而不能完全重复利用,此时退水量大、水质差,不能达到污水排放标准的要求,因此矿方应设置事故水池将污水排入其中,待污水处理厂系统维修好后,再进行处理回用,事故废水不得直接排放。因此,井下排水对跃进渠东干渠不会产生影响。

矿方在采取以上措施后,可以有效地避免因厂区废水直接排入地表河道而导致的水环境污染事故。因此,在相关预防措施得以保障的前提下,煤矿的退水不会对当地水环境产生影响。

10.1.3.3　补偿方案(措施)建议

随着煤矿的开采,可能影响周围村庄的人畜饮用水安全。因此,建议矿方应对煤矿开采影响范围内的农村饮用水源采取保障措施,当附近农村居民饮用水源受到影响时,煤矿要采取补救措施,妥善解决出现的问题。对采煤塌陷区进行治理,对影响较重的居民区实施搬迁,对因本项目建设造成饮用水困难的矿区附近村民建立供水系统,解决其用水问题。

10.1.4　取水方案及允许取水量

生活及消防取水地点为工业广场内的疏干排压井;生产用水为矿井涌水,在-840 m水平井底车场附近建立主排水泵房,将矿井涌水沿副井井筒直接排到地面。本矿井正常涌水量 546.68 m³/h(13 120.32 m³/d),年涌水量 478.89 万 m³;最大涌水量 710.68 m³/h(17 056.32 m³/d),年涌水量 622.55 万 m³。矿井取水量按正常涌水量计算,故本矿井正常取水量为 546.68 m³/h(13 120.32 m³/d),年取水量 478.89 万 m³。

本矿井设计总用水量为 3 888.78 m³/d,由于消防用水量 810.0 m³是一次性补充后备用,在正常生产情况下,总用水量为 3 078.78 m³/d,年设计用水量 105.4 万 m³。其中,生活用水量 1 087.78 m³/d(合 39.7 万 m³/a),生产用水量 1 991 m³/d(合 65.7 万 m³/a)。

经本次分析论证,通过节水措施后,核定该矿井在正常生产情况下,用水量(不包括消防用水量)为 2 465.25 m³/d,年用水量为 83.01 万 m³(生产用水按 330 d 计,生活用水按 365 d 计)。其中,生产用水量 1 991 m³/d(合 65.7 万 m³/a),生活用水量 474.25 m³/d(合 17.31 万 m³/a),生活污水经处理后回用于生产用水量 273.47 m³/d(合 9.03 万 m³/a),则生产取用新水量为 1 717.53 m³/d(合 56.68 万 m³/a)。

因此,在正常生产情况下,本矿井取水量为 2 191.78 m³/d,包括生产取水量为 1717.53 m³/d,生活取水量为 474.25 m³/d。煤矿全年生产按 330 d 计,生活用水按 365 d 计,则合理年取水量为 73.99 万 m³。

综上所述,根据对取水可靠性、合理性分析及取水、退水对区域水资源及其他用户的影响,本次论证认为建设项目取水、退水方案可行。

10.2　建　议

(1)建议按照《煤矿防治水规定》的要求,在煤矿开采过程中进行详细的水文地质调查与勘探,切实探明井田范围内是否有老窑积水、岩溶水位标高及岩溶水赋存情况等,防止水资源浪费,确保矿井安全生产。

(2)建议在煤矿开采过程中,对浅层地下水进行长期动态观测。一旦发现煤矿开采影响范围内地下水位下降、地表水系有变化等问题,并影响周围村庄的人畜饮用水安全,矿方应采取应急补救措施,妥善解决出现的问题。对采煤塌陷区进行治理,对影响较重的居民区实施搬迁,对因本项目建设造成饮用水困难的矿区附近村民建立供水系统,解决其用水问题。

(3)为防治矿区及周边含水层破坏,可采取相关措施,做到先探后采,发现涌水断面即采取注浆等封堵处理措施,并做好水文地质观测。

(4)为消除项目退水对周边水环境的影响,建议业主制订暴雨洪水防治预案,采取适当的防渗措施,防止因雨洪造成地表水体及地下水体污染。做好矿区地表水、地下水的水质监测,及时发现和消除对水环境的不利影响。

(5)考虑矿井事故状态下的污废水排放和蓄存,矿方应建设 1 座事故水池,以接纳事故状态下的污废水,防止不达标污废水外排。

（6）矿井排水在灌溉间隔期内进入跃进渠东干渠配套水库蓄存待用，其中部分水库存在库区大面积渗漏，坝体产生裂缝、沉陷、滑坡等现象，防洪标准低，由于水库下游有村庄和耕地，为了减轻或避免矿井排水进入水库对下游村庄构成威胁，本书建议矿方实时监测水库情况，及时整修加固水库，以降低损失。

（7）建议业主单位加强矿区开采过程中地表沉陷变化的巡视和监测，采取有效的开采保护措施，将引发地面沉陷的可能性降到最低。

（8）建议跃进渠灌区管理局制订切实可靠的煤矿排水进入水库的调度方案，保证配套水库在非灌溉期和汛期的安全。

下篇 河南超越煤业股份有限公司伦掌煤矿

1 总 论

1.1 项目来源

伦掌煤矿位于安阳市西北部,行政隶属河南省安阳县伦掌乡。矿井设计规模 1.80 Mt/a,配套建设 1.80 Mt/a 选煤厂,井田南北长 8.16 km,东西宽 6.85 km,面积 34.78 km²。该矿井由河南超越煤业股份有限公司投资开发建设。2007 年 7 月,中华人民共和国国家发展和改革委员会以能煤函〔2007〕66 号对河南超越煤业股份有限公司伦掌煤矿开展前期工作的请示做出复函,允许超越煤业股份有限公司伦掌煤矿按照 180 万 t/a 建设规模开展前期工作。

2010 年 11 月 10 日,河南超越煤业股份有限公司委托河南省郑州地质工程勘察院编制《河南超越煤业股份有限公司伦掌煤矿项目水资源论证报告书》。

1.2 水资源论证的目的和任务

1.2.1 论证目的

依据《中华人民共和国水法》第七条:国家对水资源依法实行取水许可制度和有偿使用制度。第四十八条:直接从江河、湖泊或者地下取用水资源的单位和个人,应当按照国家取水许可制度和水资源有偿使用制度的规定,向水行政主管部门或者流域管理机构申请领取取水许可证,并缴纳水资源费,取得取水权。

为促进水资源的优化配置和可持续利用,保障建设项目的合理用水要求,2002 年 3 月 24 日水利部与国家发展计划委员会令颁布第 15 号令,正式发布《建设项目水资源论证管理办法》(简称《办法》),自 2002 年 5 月 1 日起施行。《办法》中明确规定:"对于直接从江河、湖泊或地下取水并需申请取水许可证的新建、改建、扩建的建设项目(以下简称建设项目),建设项目业主单位(以下简称业主单位)应当按照本办法的规定进行建设项目水资源论证,编制建设项目水资源论证报告书"。

为加强水资源管理和保护,促进水资源的节约与合理开发利用,2006 年 2 月 21 日中华人民共和国国务院令第 460 号颁布《取水许可和水资源费征收管理条例》,自 2006 年 4 月 15 日起施行。该条例明确规定:"建设项目需要取水的,申请人还应当提交由具备建设项目水资源论证资质的单位编制的建设项目水资源论证报告书。"

编制《河南超越煤业股份有限公司伦掌煤矿项目水资源论证报告书》的目的,是在分析项目所在区域地质条件、水文地质条件、水资源开发利用现状以及区域水资源规划配置、伦掌煤矿矿坑排水可利用量等的基础上,分析项目用水的合理性,论证取水水源供水的可行性,以及煤矿取水、排水对区域水环境和其他用水户的影响,为建设单位向水行政主管部门办理取水申请提供依据,并使建设单位明确其对水资源及水环境保护应承担的责任和应采取的措施,实现以水资源的可持续利用支持建设项目区域内的经济社会可持续发展。

1.2.2　论证任务

本次论证根据《建设项目水资源论证导则(试行)》(SL/Z 322—2005)的要求,在充分收集、分析前人研究成果资料的基础上,主要进行如下几方面的工作:

(1)充分收集和分析区内气象、水文、地质、水文地质等资料,进行了必要的野外勘察工作。

(2)对区域水资源状况及开发利用现状进行调查分析。

(3)在了解矿井基本情况、用水组成以及设计用水量的基础上进行用水平衡分析,计算项目取用水量,并进行项目取用水合理性分析。

(4)在分析井田地质、水文地质条件以及对井田周围矿坑排水量调查的基础上,分析论证伦掌煤矿矿坑水供水的可靠性和可行性。

(5)进行项目建设(取水、排水、煤矸石)对区域水环境的影响以及采煤对矿区内人畜饮水的影响评价,并提出相应的防治意见。

(6)提出合理用水、节约用水及水资源保护的措施与建议。

1.3　编制依据

1.3.1　法律法规

(1)《中华人民共和国水法》(中华人民共和国主席第七十四号令,2002年10月)。

(2)《中华人民共和国水污染防治法》(第十届全国人民代表大会常务委员会第三十二次会议修订,2008年2月)。

(3)《建设项目水资源论证管理办法》(水利部国家发展计划委员会,2002年3月)。

(4)《取水许可和水资源费征收管理条例》(国务院令第460号,2006年4月)。

(5)《取水许可管理办法》(水利部,2008年3月13日)。

(6)《水库大坝安全管理条例》(国务院令第78号,1991年3月22日)。

(7)《安阳市洹河管理办法》(安阳市人民政府令第11号,2004年3月1日)。

1.3.2　规范标准、文件

(1)《建设项目水资源论证导则》(试行)(SL/Z 322—2005)。

(2)《污水综合排放标准》(GB 8978—1996)。

(3)《生活饮用水卫生标准》(GB 5749—2006)。

(4)《地表水环境质量标准》(GB 3838—2002)。

(5)《河南省用水定额》(DB41/T 385—2009)。

（6）《煤炭工业矿井设计规范》（GB 50215—2005）。

（7）《评价企业合理用水技术通则》（GB/T 7119—93）。

（8）《工业用水考核指标及计算方法》（CJ 42—1999）。

（9）《建筑给水排水设计规范》（GB 50015—2003）。

（10）《煤矿防治水规定》（国家安全生产监督管理总局、国家煤矿安全监察局，2009年9月21日）。

（11）《饮用水水源保护区划分技术规范》（国家环境保护总局，2007年2月1日）。

（12）《农田灌溉水质标准》（GB 5084—2005）。

（13）《河南省人民政府办公厅关于印发河南省城市集中式饮用水源保护区划的通知》（豫政办〔2007〕125号，2007年12月12日）。

（14）《安阳市人民政府办公室关于印发安阳市地表水饮用水水源保护区管理办法的通知》（安政办〔2010〕222号，2010年12月2日）。

1.3.3　主要参考资料及文献

（1）《河南超越煤业股份有限公司伦掌煤矿可行性研究报告》（煤炭工业郑州设计研究院有限公司，2010年10月）。

（2）《伦掌煤矿工业场地地面污染对岳城水库水质影响分析》（南京水利科学研究院，2010年8月）。

（3）《河南超越煤业股份有限公司伦掌矿井及选煤厂环境影响报告书》（中煤国际工程集团北京华宇工程有限公司，2009年12月）。

（4）《伦掌煤矿对岳城水库大坝和库区安全影响论证》（南京水利科学研究院，2009年8月）。

（5）《河南超越煤业股份有限公司伦掌煤矿资源开发利用方案说明书》（煤炭工业郑州设计研究院有限公司，2008年4月）。

（6）《安阳鑫龙煤业（集团）红岭煤业有限责任公司红岭煤矿工程竣工环境保护验收调查报告》（煤炭工业部郑州设计研究院有限公司，2007年8月）。

（7）《河南省安鹤煤田伦掌井田勘探报告》（河南省煤田地质局三队，2006年12月）。

（8）《河南省地下水资源与环境》（赵云章、朱中道、王继华等编著，中国大地出版社，2004年6月）。

（9）《河南省安阳市水资源可持续利用综合规划》（中国水利水电科学研究院，2002年10月）。

（10）《河南省城市饮用水水源地环境保护规划（2008—2020年）》（河南省环境保护厅、河南省发展改革委、河南省水利厅，2009年4月）。

（11）《河南省水功能区划报告》（河南省水利厅，2003年7月）。

（12）《河南省安阳市地质环境调查报告》（河南省水文地质工程地质勘察院，2006年7月）。

1.4　取水规模、取水水源与取水地点

1.4.1　取水规模

根据煤炭工业郑州设计研究院有限公司编制的《河南超越煤业股份有限公司伦掌煤矿可行性研究报告》,本次规划在北翼采区－1 000 m 水平和南翼采区－950 m 水平开采二₁煤层,北翼采区正常涌水量 310 m³/h,最大涌水量 465 m³/h;南翼采区正常涌水量 560 m³/h,最大涌水量 840 m³/h。矿井合计正常涌水量为 870 m³/h(20 880 m³/d),年涌水量 762.12 万 m³;最大涌水量 1 305 m³/h(31 320 m³/d),年涌水量 1 143.18 万 m³。矿井取水量按正常涌水量计算,故本矿井正常取水量为 870 m³/h(20 880 m³/d),年取水量 762.12 万 m³(按 365 d 计)。

1.4.2　取水水源

根据《河南超越煤业股份有限公司伦掌煤矿可行性研究报告》,取水水源为处理后的矿井排水。该矿井涌水量较大,涌水受开采过程中煤尘污染,悬浮物和 COD 含量较高,但经过沉淀、过滤及消毒处理后,水质完全可以满足矿区工业用水和生活用水。

1.4.3　取水地点

1.4.3.1　北翼采区－1 000 m 水平取水点

该采区正常涌水量 310 m³/h,最大涌水量 465 m³/h,排水高度 208 m(包括吸水高度和附加水头),管路敷设长度约 1 080 m,最大倾角 22°。

1.4.3.2　南翼采区－950 m 水平取水点

该采区正常涌水量 560 m³/h,最大涌水量 840 m³/h,排水高度 158 m(包括吸水高度和附加水头),管路敷设长度约 880 m,最大倾角 17°。

上述两取水地点的矿坑水经水泵提升后汇集至位于工业广场矿井排水口的矿坑排水处理站出水口。

1.5　工作等级

建设项目工作等级确定主要依据取水水源类型、取水规模,取水和退水影响,从项目规模、水资源利用、退水情况等方面考虑,对照论证工作等级划分指标,确定建设项目水资源论证工作等级。

1.5.1　取水水源分析

项目生产用水和生活用水均利用本矿经处理后的矿坑排水,归类于地下水(矿坑水为特殊形式的地下水),项目取水量为 2.088 万 m³/d,年取水量 762.12 万 m³;其中生活用水量为 0.053 万 m³/d,年用水量 9.345 万 m³。该矿床以底板岩溶水充水为主,为水文

地质条件中等矿床;区域地下水开发利用程度较高,达到 79.22%,主要是浅层水。综合确定其取水等级为一级。

1.5.2　取水影响分析

正常情况下本项目生产用水和生活用水采用本煤矿处理后的矿坑排水,对第三者取用水影响轻微;该矿井为超深开采,取水对生态影响轻微;井田与河南省规定的岳城水库水源地准保护区部分重叠。综合确定其取水影响等级为一级。

1.5.3　退水影响分析

本项目在正常生产情况下,部分矿井排水经过处理作为矿井生产用水和生活用水,其他正常多余水 646.79 万 m^3/a(0.2 m^3/s,17 720.21 m^3/d)经处理及消毒达到《煤炭工业污染物排放标准》(GB 20426—2006)中新(扩、改)建生产线标准的要求和国家污水一级排放标准后外排进入跃进渠东干渠五里涧上游段,由安阳县跃进渠灌区管理局统一调度分配;经过一体化地埋式生活污水综合处理设备处理达标后的生活污水 9.11 万 m^3/a(276.11 m^3/d)全部回用于生产。退水主要为矿坑排水,退水多数为可降解的污染物,经过处理达标后排放,对第三者取用水影响轻微,对生态影响轻微。综上,煤矿总退水量为 646.79 万 m^3/a(0.2 m^3/s,17 720.21 m^3/d,按 365 d 计)。综合确定其退水影响等级为一级。见表2-1-1。

表 2-1-1　水资源论证工作等级

分类	分类指标		工作等级
地下取水	工业用水	2.088 万 m^3/d	一级
	生活用水	0.053 万 m^3/d	三级
	地质条件	中等	二级
	开发利用程度	>70%	一级
取水和退水影响	水资源利用	对第三者取用水影响轻微	三级
	生态	对生态环境影响轻微	三级
	水域管理要求	取水涉及水源地准保护区	一级
	退水污染类型	退水含可降解的污染物	二级
	退水量	0.2 m^3/s	一级

根据《建设项目水资源论证导则(试行)》(SL/Z 322—2005),水资源论证工作等级由分类等级的最高级别确定,分类等级由地表取水、地下取水、取水和退水影响分类指标的最高级别确定。通过上述分析,综合确定本次水资源论证工作等级为一级。

1.6　分析范围与论证范围

本井田位于安阳县煤田东北部,地处太行山隆起带的山前地带,地势西高东低,总体上为一向东倾斜的单斜汇水构造,井田内地下水主要接受西部太行山区基岩露头处大气降水补给,沿岩层倾向侧向径流至本井田后,继续向深部运移,在遇弱透水岩层阻隔后,形成上升泉排泄于地表。因而,本区位于地下水深部径流区。

　　水资源论证分析范围包括:取用水影响范围和退水影响范围。取用水影响范围涉及珍珠泉岩溶泉域,退水影响范围为跃进渠东干渠控制灌区,基于区域水资源现状分析以及区域水文地质条件考虑,结合《建设项目水资源论证导则(试行)》(SL/Z 322—2005)第3.1.1 条"应以建设项目取用水有直接影响关系的区域为基准,统筹考虑流域与行政区域确定分析范围,并以行政区为宜的原则",选择安阳县西部地区(面积 733 km²,包括伦掌镇、都里乡、安丰乡、洪河屯乡、蒋村乡、磊口乡、许家沟乡、曲沟镇、铜冶镇、水冶镇、善应镇、马家乡等 12 个乡(镇))作为本项目的水资源论证分析范围,见图 2-1-1。

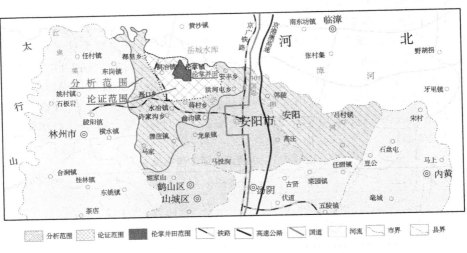

图 2-1-1　水资源论证分析范围和论证范围

　　论证范围主要按水文地质单元划分,伦掌煤矿西侧与珍珠泉岩溶泉域地下水系统东部边界相邻,故论证范围按珍珠泉岩溶泉域边界及可能受伦掌井田开采影响的范围以及退水影响范围考虑,西部以珍珠泉岩溶泉域东部边界为界,北部以漳河为界,东部以伦掌井田退水区域跃进渠东干渠控制灌区为界,南部以伦掌井田开采影响范围 3.26 km 为界,论证范围面积约 201 km²,见图 2-1-1。

1.7　水平年

　　论证现状年一般选取与进行水资源论证时较接近的年份,并避免特枯或特丰水平年。根据社会经济发展以及河流水文特征变化情况分析,本次论证选取 2009 年为现状水平年。

　　考虑到建设项目的实施计划与区域经济社会发展规划的协调一致,并结合全省水资源规划等成果的实际情况,确定本次项目水资源论证以 2020 年为规划水平年。

2　建设项目概况

2.1　建设项目名称及项目性质

项目名称:河南超越煤业股份有限公司伦掌煤矿。
建设性质:新建工程。

2.2　建设地点、占地面积和土地利用情况

2.2.1　建设地点

伦掌井田为安鹤煤田北段深部含煤区,该区属彰武—伦掌普查区的北部地段。井田位于河南省最北部,其北端与河北省接界。井田中心东南距安阳市18 km,隶属安阳县管辖。地理坐标为东经114°06′26″~114°11′00″,北纬36°12′00″~36°16′25″。

井田工业场地位于伦掌村南面,东面约400 m处为一乡间公路,该工业场地场区所处地形基本平坦,总体地势为南高北低,自然标高为+205.0~+175.0 m,场区中间偏西有一个较大的冲沟,沟深平均为5.0 m。该场区平面布置条件较好,东西向开阔,南北向高差较大,但对场区布置影响不大。该场区进场道路和运煤道路均向东与伦掌东面的道路相接,场外道路全长约3.0 km。

区内交通较便利,伦掌煤矿位于安阳市西北部,安(阳)—李(珍)铁路、水冶—龙山煤矿专用铁路均从本区南部和西部通过。京广铁路、107国道、京珠高速公路从本区东部通过,安阳—伦掌、水冶—伦掌均有沥青公路相通,乡村间简易公路纵横成网,交通方便。井田地理位置详见图2-2-1。

2.2.2　占地面积

伦掌矿井占地面积为26.97 hm², 其中工业场地占地23.4 hm², 北风井工业场地占地1.18 hm², 矸石综合利用场地占地1.00 hm², 场外道路占地1.39 hm²。井田南北长8.16 km, 东西宽6.85 km, 面积34.78 km²。

2.2.3　土地利用情况

伦掌主、副井工业场地位于伦掌村南面。该工业场地场区所处地形平坦,场区南面为较缓的山坡,东西向比较平坦,北面为地势低洼地带,总体地势为南高北低,场区中间偏西有一个平均为5.0 m的冲沟,场区内小台阶较多,多为东西走向。本井田处于山区向平原过渡的丘陵地带,地表为冲积层及坡积物,部分覆盖有卵石层,土地征用条件较好,适合建

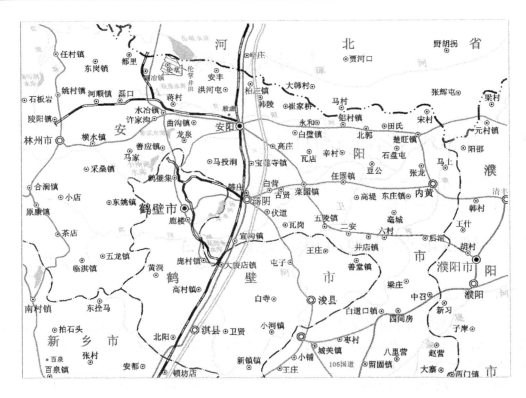

图 2-2-1　井田地理位置

设大型机械化矿井。厂址实景见图 2-2-2 和图 2-2-3。

图 2-2-2　拟选工业场地实景

图 2-2-3　工业场区内冲沟(面向下游)

2.3　建设规模及实施意见

2.3.1　矿井设计生产能力、服务年限

2.3.1.1　设计生产能力

　　矿井设计生产能力受资源条件、外部建设条件、市场供需情况、开采条件、技术装备、

煤层及其工作面生产潜力与经济效益等因素的影响。根据可研报告，伦掌矿井设计生产能力为 1.80 Mt/a，配套建设 1.80 Mt/a 选煤厂。

2.3.1.2　服务年限

根据本矿井煤层条件和地质构造类型情况，本矿井设计可采储量为 116.03 Mt，生产能力为 1.80 Mt/a，服务年限为 46.1 a。

2.3.2　建设工期

根据井巷工程综合进度安排，矿井准备期 6 个月，建设期 55 个月，总工期 61 个月。

2.3.3　劳动定员及劳动效率

根据矿井设计相关规范，结合本矿井的实际情况，本着要建设高产、高效的现代化矿井的需要，估算全矿在籍总人数为 1 175 人，其中矿井部分 1 059 人，选煤厂部分 76 人，救护队 40 人。经排岗计算，全员工效 8 t/工，生产工人工效 8.7 t/工，矿井年工作日 330 d。

2.4　矿井概况

2.4.1　井田境界

伦掌井田位于彰武—伦掌北部勘探区，井田范围西起与主焦井田、红岭井田及大众井田分界，东至东经 114°11′00″，南起拐点 14（114°09′16″，36°12′00″）和拐点 15（114°11′00″，36°12′00″）的连线，北到北纬 36°16′25″。南北长 8.16 km，东西宽 6.85 km，面积 34.78 km²。井田边界范围及周边煤矿分布情况见图 2-2-4。

目前伦掌井田范围内没有生产矿井，与其毗邻的生产矿井有安阳矿务局红岭煤矿和主焦煤矿，以及林县大众煤矿。红岭煤矿和主焦煤矿正在进行技术改造，大众煤矿正进行改、扩建。

2.4.2　矿井资源/储量

2.4.2.1　矿井地质资源量

根据本矿井可研报告，伦掌矿井二₁煤层总资源储量 26 583 万 t，其中探明的内蕴经济资源量（331）4 669 万 t，控制的内蕴经济资源量（332）4 110 万 t，推断的内蕴经济资源量（333）资源量 17 804 万 t。

2.4.2.2　矿井工业资源/储量

根据矿井设计相关规范，矿井工业资源/储量 = （331）+（332）+（333）×k，其中 k 为可信度系数。本井田构造复杂程度为中等，煤层赋存稳定，因此 k 取 0.8。经计算，伦掌煤矿工业资源/储量为 23 022.2 万 t。

2.4.2.3　矿井设计资源/储量

矿井设计资源/储量为矿井工业资源/储量减去各种永久煤柱损失量。根据计算，本矿井各类永久煤柱的损失量为 6 079 万 t。矿井工业资源/储量减去各种永久煤柱损失

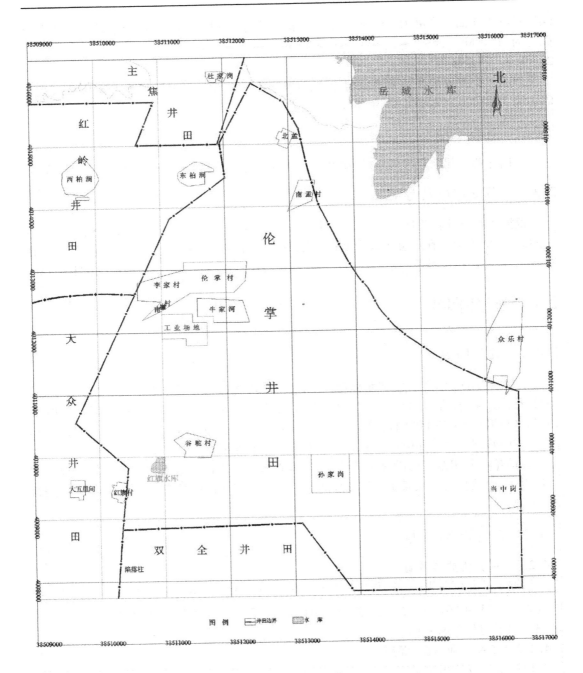

图 2-2-4　井田边界范围及周边煤矿分布

量,可得矿井设计资源/储量为 16 943.2 万 t。

2.4.2.4　矿井设计可采储量

矿井设计可采储量为矿井设计资源/储量减去工业场地和主要井巷煤柱的损失量,再乘以采区回采率后的储量。根据矿井设计相关规范规定,本矿井二₁煤层采区回采率设计取 75%,最后得到矿井可采储量为 11 603.4 万 t。

2.5　井田开拓与开采

2.5.1　井田开拓

2.5.1.1　井口及工业场地位置

本井田南北走向长 8.16 km,东西倾斜宽 6.85 km,面积约 34.78 km^2,从平面图可知,井田内地层基本呈南北走向,东南部转为近东西向。井田基本为走向、倾向接近的多边形形状。

影响本井田井口位置选择的主要因素是地面地质地形条件、覆盖层厚度、景观及工业场地煤柱、地面建筑、运输条件及水文地质条件等。可研设计提出三个井口及工业场地位置方案,并且对三个方案技术进行了技术经济比较,最终推荐西部方案,该方案的井口及工业场地位于伦掌村正南约 500 m,地势比较平坦,适合布置工业场地。自然地形标高为 +180 ~ +188 m,高差 8 m 左右。

2.5.1.2　井田开拓方案

本井田主井井口标高 +186.0 m,落底水平 -800 m,井筒深度 986.0 m;副井井口标高 +185.0 m,落底水平 -800 m,井筒深度 985.0 m;中央风井井口标高 +185.5 m,落底水平 -790 m,井筒深度 975.5 m;井筒落底后设 -800 m 水平环形车场,井底车场位于二$_1$煤层顶板中,下距二$_1$煤层 500 m 左右。主井装载硐室采用全上提式。

根据伦掌井田形状及构造特征,井下巷道布置方案为 -800 m 水平井底车场向东做一组暗斜井穿 F_{102} 断层,落底水平 -1 000 m,在靠近 F_{103} 断层东侧向北穿 F_1 断层沿,DF_{64} 断层煤柱设南北向 -1 000 m 水平北轨道、胶带大巷;向东水平大巷至 F_1 断层,沿 F_1 断层煤柱设一组暗斜井,开拓 DF_{05} 断层以东和孙家岗向斜块段;南翼出井底车场调车线后做一组暗斜井,落底水平 -950 m 后直接与采区上山连接;首采区分南、北两翼布置,均位于井田浅部的高级储量区域,采用走向长壁开采。

矿井初期分别设中央风井和北风井,采用混合式通风系统。后期在井田东南翼再建一个风井。

2.5.2　井田开采

2.5.2.1　首采区位置选择

根据本矿井煤层赋存条件、地质构造及开采技术条件,结合矿井开拓方式及井口位置等因素,南、北两翼靠近井田浅部的 11、12 采区作为两个首采区。这两个采区均在高级储量分布范围内,地质构造中等,煤层赋存条件好,并且靠近井筒,初期工程量较省。

南翼 -950 m 水平的 11 采区位于工业场地煤柱以南,东部以 F_{102} 断层为界,西至井田西部边界,南北长 1.2 ~ 2.0 km,东西宽约 1.1 km,面积约 1.5 km^2。二$_1$煤平均厚 6.07 m。估算 11 采区可采储量为 13.49 万 t,采区生产能力按 0.9 Mt/a 计算,服务年限为 9.9 a。

北翼 -1 000 m 水平的 12 采区位于伦掌村煤柱以北,DF_{64} 断层以西,北部、西部均以井田边界为界。采区南北走向长 2.0 km,东西倾斜宽 0.9 ~ 1.7 km,面积约 2.1 km²。二₁ 煤平均厚 6.12 m。估算 12 采区可采储量为 14.88 万 t,采区生产能力按 0.9 Mt/a 计算,服务年限为 13.0 a。

2.5.2.2　采区巷道布置

1. 开采深度

二₁ 煤层赋存标高 −460 ~ −1 550 m,埋深 665 ~ 1 760 m,上距砂锅窑砂岩平均 74.45 m,下距 L_8 灰岩平均 28.86 m。

2. 采准巷道位置及层位

矿井的 11 采区和 12 采区都为单一厚煤层,为煤与瓦斯突出矿井。为满足突出矿井独立通风要求,采区准备巷道布置 3 条,分别为轨道运输上山、胶带运输上山和回风上山,3 条巷道均布置在煤层底板 10 ~ 15 m 的砂岩岩层。

本井田二₁煤层埋藏深,煤层厚,瓦斯含量高,有突出危险,回采巷道采用岩石集中巷布置方式,在煤层底板砂岩中布置岩石集中巷,通过斜巷与工作面顺槽联系。回采巷道采用单巷布置,无煤柱护巷,采用沿空送巷。

3. 采区巷道布置

11 采区为单翼上山采区,三条采区上山沿 F_{102} 断层煤柱布置,轨道上山通过下部车场直接与南翼轨道运输暗斜井相连,胶带运输上山直接与南翼胶带运输暗斜井下部相连,回风上山和南翼回风暗斜井相连。由于 11 采区阶段垂高较大,在轨道上山中部设接力车场。

工作面轨道顺槽集中巷通过中部车场与轨道上山连接,工作面运输顺槽集中巷通过溜煤眼与胶带运输上山相连。

12 采区也为单翼采区。3 条采区上山沿伦掌村煤柱布置。轨道上山通过下部车场与 −1 000 m 辅助水平北翼轨道运输大巷相连,胶带运输上山通过采区煤仓与 −1 000 m 辅助水平北翼胶带运输大巷相连,回风上山通过总回风斜巷和北风井相连。由于 12 采区阶段垂高较大,在轨道上山中部设接力车场。工作面巷道布置同 11 采区。

2.5.2.3　采煤方法及采煤工艺

1. 采煤方法选择

本井田地层走向近南北,倾向北东,倾角 8° ~ 35°,总体为具有一定起伏的单斜构造。构造以断裂为主,伴有小型褶曲。构造复杂程度属中等构造,主要可采二₁煤层厚 2.78 ~ 8.40 m,平均厚 5.75 m,煤层结构较简单,为较稳定型厚煤层;二₁煤层顶、底板含水层相对较薄,隔水层相对较厚,水文地质条件中等;二₁煤层瓦斯含量高,属煤与瓦斯突出矿井;煤层不易自燃,煤尘具爆炸危险性。根据井田资源及开采技术条件评价,本井田储量丰富,资源较为可靠。综合分析,本井田开采技术条件属中等,适合于综合机械化采煤。

根据本井田煤层赋存及开采技术条件,设计选择走向长壁式采煤法,顶板管理方式为全部垮落法。

2. 采煤工艺选择

根据本井田主要可采煤层赋存条件,设计选择采用综合机械化采煤工艺。本井田主要可采二₁煤层厚 2.78 ~ 8.40 m,平均厚 5.75 m,煤层结构较简单,为较稳定型厚煤层。

本矿井设计生产能力 1.80 Mt/a，井型不太大。根据邻近矿井的开采经验，煤与瓦斯突出矿井采取区域综合防突措施消突后，综采放顶煤的工作面单产一般在 0.8~1.0 Mt/a，这样本矿井需要装备 2 个综采放顶煤工作面即可满足矿井生产能力要求。采用综采放顶煤采煤方法，不仅符合国家技术政策，且具有初期井巷工程量少、设备投资省、建设工期短、生产效率高、易管理、安全可靠的优点。因此，设计推荐采用综采放顶煤采煤方法。

2.6　工业场地布置及地面生产系统

2.6.1　工业场地平面布置

2.6.1.1　平面布置

1. 总平面布置

伦掌矿井主、副井工业场地位于伦掌村南面。场区东面约 400 m 有一条乡间公路。该工业场地场区所处地形平坦，场区南面为较缓的山坡，东西向比较平坦，北面为地势低洼地带，总体地势为南高北低，场区平面布置条件较好，东西向开阔，但南北向高差稍大，场区内有一由南至北的高压输电线路需改线。

工业场地南面为生产区，中间为辅助生产区，北面为办公生活区。生产区内主要布置有原煤仓、主厂房、贮煤场、块煤仓、精煤仓及选煤厂办公楼、机修间材料库等。辅助生产区内有主井、副井、风井、110 kV 变电所、压风机房、机修车间、综采设备库、器材库、器材棚和坑木场、井下水处理系统、矸石中转系统、注浆站及灯房、浴室、更衣室、任务交待室等，另外还有瓦斯抽放及发电站。办公生活区内主要布置有办公楼、食堂和单身宿舍等。

场地设两个出入口，其中人流一个出入口，运煤和运送物资合用一个出入口，都位于场地的东面。

2. 风井及其他场地总平面布置

除在工业场地内设有一个中央风井外，还在伦掌矿井的北面 400 m 处设有一个北风井，北风井工业场地内主要布置风井井筒、风机及配电室、压风机房、注浆站和瓦斯抽放站等建（构）筑物，场地内从南向北依次布置有风井及风机、压风机房、注浆站和瓦斯抽放站。

矸石综合利用场地：本矿井的矸石主要用来综合利用及填沟，占地面积约为 1.0 hm²。

地面火药库：矿井所需火药由社会供应，地面不设永久火药库。

本矿井各工业场地占地面积见表 2-2-1。

2.6.1.2　竖向设计与防洪排涝

矿井所在区域属海河流域卫河水系，流经本区域的河流有红土河、申家河两条，均为季节性河流。另外，区内有跃进渠东干渠 1 条。区内水库主要有岳城水库、何坟水库等。以上河流及水库由于距工业场地较远，且其河床或水库水面标高均比工业场地低许多，工业场地处于较高的台地上，位于冲沟发育的始端，其附近区域的雨水最终向北汇入岳城水库，不受其他地面水体的影响，故本工业场地不受地表水体的洪水威胁。

表 2-2-1　矿井各工业场地占地面积　　　　　（单位：hm²）

名称	面积
矿井工业场地	23.40
北风井工业场地	1.18
矸石综合利用场地	1.00
场外道路	1.39
合计	26.97

　　场区周围只有西南面地势比工业场地高,场区距南面分水岭约 1.3 km,汇水面积约 0.7 km²,雨季时水量也非常小。为截住上游雨水,在场区的南面设一截水沟,将雨水导入附近冲沟内。但由于场区西南面为穿越场区冲沟的头部,截水沟不能完全截住全部雨水,仍有约 4 hm² 面积的汇水对瓦斯抽放及发电站场地产生影响。本设计将在瓦斯抽放及发电站场地南面设置一挡水墙(墙高 1 ~ 3 m)和缓冲水池(容积 600 m³),并用截水沟将其雨水疏导至水池,然后通过场地内的排水沟排出场外,即可解决场外雨水对场区的影响问题。因此,工业场地不受洪水威胁,满足设计相关规范规定的百年一遇的设计要求。

　　工业场地采用台阶式布置,场地内的雨水通过排水沟直接排到附近的冲沟内,雨水排放顺畅,工业场地无内涝危害。

2.6.2　地面生产系统

2.6.2.1　主井生产系统

　　主井为立井(ϕ 5 m),配备一对 20 t 提煤箕斗,承担矿井提升煤炭任务。地面井口房内受煤仓容量约 80 t,受煤仓上设铁箅子,大块煤、矸石及杂物停留在铁箅子上由人工进行处理。接受仓下口布置甲带给煤机,矿井毛煤由给煤机给入去选煤厂的带式输送机,之后运至选煤厂进行加工。

　　受煤仓设有煤位信号,主井井口房预留备用箕斗存放位置。

　　井口及井底过卷、过防保护除电器控制外,还分别设有防撞梁、多功能防过卷(放)保护装置。

2.6.2.2　副井生产系统

　　副井主要承担矸石的提升、材料下井、人员和设备的升降。

　　副井井筒直径 6.5 m,井筒内装备一个 GDG1/6/2/4 窄罐和一个 GDG1/6/2/4K 宽罐,副井井口房内矿车经销齿推车机、阻车器、摇台(液压)等操车设备进入罐笼。副井井口房内留有备用罐笼存放位置,并设有更换、安装罐笼用的起吊设备(悬臂桥式起重机,$Q = 15$ t)。井口房内设有一台 JD – 11.4 型调车绞车供起吊长材料用;大型设备由宽罐上下井。

　　井底马头门处设有井底推车机、阻车器、摇台等操车设备,以实现矿车进出罐笼和上下人员。在马头门出车侧设一台 JD – 11.4 绞车用于上下长材料及设备的起吊和牵引。

　　在副井井口与井底除设有电气安全保护设施外,还设有 HZSN 型多功能过卷(放)保护装置、防撞梁等。

2.6.2.3　矸石系统

为减少污染、美化环境及少占良田,本煤矿不设永久性矸石山,建设期间井下排矸主要用于充填工业场地;生产期间井下排矸和选煤厂排矸主要用于综合利用。

2.6.2.4　辅助设施

(1)矿井机电设备修理车间及综采设备库面积共约 2 280 m²(其中矿井机电设备修理车间面积约为 1 452 m²),并配备有相应的机电修理设备。

(2)坑木加工房。

坑木加工房面积 288 m²,并配备有相应的坑木加工设备。

2.7　矿井总投资

全项目建设总投资估算为 258 314.50 万元,其中矿井部分投资 232 209.82 万元,选煤厂部分投资 19 452.79 万元,瓦斯发电部分投资 6 652.00 万元,全矿井吨煤投资 1 435.08 元。

综合考虑各种因素以及国家政策性文件,本次投资估算中价差预备费暂按 0% 年上涨率考虑。投资构成详见表 2-2-2。

表 2-2-2　投资构成　　　　　　　　　　　(单位:万元)

工程类别	矿井投资估算	选煤厂投资估算	瓦斯发电投资估算	全矿合计	占动态投资比例(%)
井巷工程	90 887.32			90 887.32	35.58
地面建筑工程	11 566.11	7 700.13	293.37	19 559.61	7.66
设备及工器具购置	35 209.31	4 543.09	3 953.90	43 706.30	17.11
安装工程	19 356.59	1 400.26	1 266.77	22 023.62	8.62
其他基本建设费用	26 529.19	1 970.22	420.39	28 919.80	11.32
工程预备费	23 861.30	1 249.10	356.07	25 466.47	9.97
基价投资	207 409.82	16 862.79	6 290.50	230 563.11	90.26
时价投资	207 409.82	16 862.79	6 290.50	230 563.11	90.26
建设期利息	23 000	1 600	273	24 873	9.74
动态投资	230 409.82	18 462.79	6 563.50	255 436.11	100.00
铺底流动资金	1 800	990	88.50	2 878.50	1.13
项目建设总资金	232 209.82	19 452.79	6 652	258 314.61	101.13
吨煤投资(元/t)	1 290.05	108.07	36.96	1 435.08	

2.8　建设项目业主提出的取用水方案

2.8.1　取水方案

矿井正常涌水量 870 m^3/h(20 880 m^3/d),年涌水量 762.12 万 m^3;最大涌水量 1 305 m^3/h(31 320 m^3/d),年涌水量 1 143.18 万 m^3。矿井取水量按正常涌水量计算,故本矿井正常取水量为 870 m^3/h(20 880 m^3/d),年取水量 762.12 万 m^3(按 365 d 计)。

矿井主排水系统排水高度 998 m(包括吸水高度和地面水处理附加水头)。本矿井主排水系统初步暂定采用一级排水,在副井井底车场附近建主排水泵房,将矿井涌水直接排到地面。主排水设备设计选用 7 台 MD420 - 96 × 12 型高扬程耐磨多级离心泵,3 台工作,3 台备用,1 台检修。

排水管选用 ϕ377 mm 无缝钢管 4 趟,其中 3 趟工作,1 趟备用,沿副井井筒敷设,以套管焊接连接为主,局部采用法兰连接。考虑到该矿井井筒深、涌水量大,为增大矿井的排水能力,设计在副井井筒中再安装一趟 ϕ377 mm 排水管路,即共安装 5 趟 ϕ377 mm 无缝钢管。为降低水锤冲击压力,井筒内增设一组止回阀。

电动机选用 $YB710M_2$ - 4 型隔爆电动机,功率 2 000 kW,电压 10 kV,转速 1 480 r/min。

2.8.1.1　北翼采区 - 1 000 m 水平排水设备

正常涌水量 310 m^3/h(7 440 m^3/d),年涌水量 271.56 万 m^3;最大涌水量 465 m^3/h(11 160 m^3/d),年涌水量 407.34 万 m^3。排水高度 208 m(包括吸水高度和附加水头),管路敷设长度约 1 080 m,最大倾角 22°。

排水设备选用 MD420 - 93 × 3 型耐磨离心水泵 3 台,其中 1 台工作,1 台备用,1 台检修,配套 $YB_2$450 - 4 型隔爆电动机,功率 450 kW,电压 10 kV,转速 1 480 r/min。为减少吸水损失,配备 ZPBG 喷射泵装置,采用无底阀排水。

排水管选用 ϕ325 mm × 8 mm 无缝钢管 2 趟,其中 1 趟工作,1 趟备用,沿北翼轨道暗斜井敷设,管路采用管接头连接。

2.8.1.2　南翼采区 - 950 m 水平排水设备

正常涌水量 560 m^3/h(13 440 m^3/d),年涌水量 490.56 万 m^3;最大涌水量 840 m^3/h(20 160 m^3/d),年涌水量 735.84 万 m^3。排水高度 158 m(包括吸水高度和附加水头),管路敷设长度约 880 m,最大倾角 17°。

排水设备选用 MD450 - 60 × 3 型水泵 5 台,其中 2 台工作,2 台备用,1 台检修,配套 $YB_2$450 - 4 型隔爆电动机,功率 355 kW,电压 10 kV,转速 1 480 r/min。为减少吸水损失,配备 ZPB 型喷射泵装置,采用无底阀排水。

排水管选用 ϕ377 mm × 9 mm 无缝钢管 3 趟,2 趟工作,其中 1 趟备用,沿南翼轨道暗斜井敷设,管路采用管接头连接。

2.8.2　用水方案

该矿井生产规模为 1.80 Mt/a。本设计的供水包括伦掌矿井工业场地的生产、生活用水及消防洒水。

　　根据用水人数及用水指标计算,矿井设计最高日总用水量约为 2 519.9 m³/d,年用水量 85 万 m³(生活用水按 365 d,生产用水按 330 d 计)。根据矿井人数及生产、生活需要水量计算,矿井用水量见表 2-2-3。

表 2-2-3　矿井用水量

序号	用水项目	用水人数		用水标准	用水量				备注
		一昼夜	最大班		一昼夜(m³/d)	小时不平衡系数	最大时(m³/h)	计算流量(L/s)	
1	矿井生活用水	757	303	40 L/(人·班)	30.28	2.5	3.79	1.05	按 8 h 工作
2	浴池用水		S = 33.2 m², 水深 0.7 m		69.72	1.0	11.62	3.23	2 h 充水
3	淋浴器及洗脸盆		46 个; 8 个	540 L/(个·淋) 100 L/(个·脸)	79.62	1.0	26.54	7.37	
4	洗衣用水				61.32	1.5	7.67	2.13	
5	锅炉补水				128		8	2.3	按 16 h 工作
6	食堂用水	757		20 L/(人·班)	30.28	1.5	4.73	1.31	按 12 h 工作
7	职工单身宿舍	606		100 L/(人·d)	60.6	2.5	6.31	1.75	
8	小计				459.82		68.66	19.14	
9	合计				528.79		78.96	22.01	未预见水量按 1~7 项用水量 15% 计
10	井下消防洒水				518.4		28.8	15.5	按 18 h 工作
11	洗煤用水				415.7		25.98	8.23	按 16 h 工作
12	注浆用水				360		20	5.56	按 18 h 工作
13	绿化用水				55		11.0	3.06	
14	瓦斯发电补水				480		24	6.67	按 20 h 工作
15	贮煤场及地面洒水				162		9	2.5	按 18 h 工作
16	总计				2 519.9		197.7	54.9	
17	井下消火栓				162		27	7.5	火灾延续时间 6 h
18	室外消防水量				216		72	20	火灾延续时间 6 h
19	室内消防水量				72		36	10	火灾延续时间 2 h

2.9　建设项目业主提出的退水方案

由于本项目在正常生产情况下,部分矿井排水经过处理作为矿井生产、生活用水,其他正常多余水 646.79 万 m^3/a(17 720.21 m^3/d,按 365 d 计)经处理及消毒达到《煤炭工业污染物排放标准》(GB 20426—2006)中新(扩、改)建生产线标准的要求和国家污水一级排放标准后,外排进入跃进渠东干渠五里涧上游段,由安阳县跃进渠灌区管理局统一调度分配。

生活污水经过一体化地埋式生活污水综合处理设备处理达标后全部回用于生产用水。

矿井工业场地地面雨水由雨水排水明沟收集后外排至工业场地南部冲沟。

3　区域水资源状况及其开发利用分析

3.1　基本概况

3.1.1　地理位置

伦掌井田为安鹤煤田北段深部含煤区,该区属彰武—伦掌普查区的北部地段。井田位于河南省最北部,其北端与河北省接界。井田中心东南距安阳市18 km,隶属安阳县管辖。地理坐标为东经114°06′26″~114°11′00″,北纬36°12′00″~36°16′25″。

3.1.2　地形地貌

本井田位于太行山东麓,为山区向平原过渡的丘陵地带,地势北、西、南三面偏高,东面略低,地面高程143.3(岳城水库南端)~257.0 m(小五里涧村东北),一般高程180.0~230.0 m,相对高差113.7 m。丘陵形态多呈浑圆状,V形冲沟发育,新近系为半固结沉积物,第四系为黄土冲积物及洪积物,地表部分覆盖有卵石层。

3.1.3　气象

该区域降水时空分布不均,年际之间差别较大。据多年降水量系列分析,该区多年平均降水量为631.9 mm,年最大降水量1 170.9 mm(1963年),是年最小降水量308.0 mm(1997年)的3.8倍。汛期降水集中,多年平均汛期4个月降水量474.0 mm,占全年降水量的74%;非汛期8个月的降水量157.9 mm,占全年降水量的26%。尤其年初1月、2月和年末12月降水量更少,多年平均降水量18.4 mm,有些年份甚至滴雨未下。

3.1.4　河流水系

本井田属海河流域南运河水系卫河支流洹河中上游,井田西边界外200 m有红土河流过,井田北部有申家河汇入岳城水库,两条河均为季节性河流。另外,井田有跃进东干渠穿过。大中型水库主要有井田边界外东南的双全水库,珍珠泉域和井田北边界外的岳城水库等。见图2-3-1。

3.1.4.1　河流

(1)红土河:发源于小五里涧村西北角,向南流经大五里涧村和铜冶乡的东大众村、南大众村东,注入汾洪江。全长2.5 km,水流量甚小。由于伦掌乡旱象严重,地下水位下降,河流近于枯竭。

(2)申家河:发源于李家村西北的蛤蟆沟,向南穿过李家村,转东流经南崖村、牛河村,注入岳城水库,全长10 km左右。旱季干涸;汛期,卧龙岗西段北麓、母猪岭南麓两股

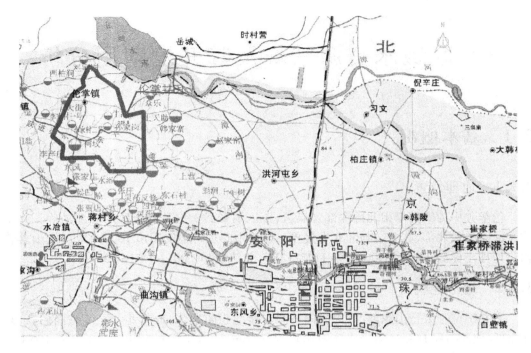

图 2-3-1　区域水系

洪水汇集于该河,最大流量可达 50 m³/s。

　　(3)安阳县跃进渠:发源于林县(现为林州市)任村公社(现为任村镇)古城村西猴头山下,引漳水经林县古城,小王庄和河北省涉县槐丰村进入安阳县。跃进渠主体工程有总干渠、南干渠、东干渠,全长 147 km,支渠 36 条,长 258 km。干渠隧洞 149 个,全长 37.6 km,建桥、闸、渡槽等建筑物 681 座。其中,大型渡槽 17 座。灌区建有配套支、斗渠 252 条,全长 470 km。蓄水库塘 378 座,总蓄水能力 4 600 万 m³,兴利库容 2 763 万 m³。灌区控制面积 544 km²,设计灌溉面积 30.5 万亩。灌区涉及安阳县西部 11 个乡(镇)和外省、县 19 个村。

　　本项目排水经工业场地西南侧埋设的管道,排入跃进渠东干渠五里洞上游段。

3.1.4.2　水库

　　(1)岳城水库:该水库位于井田北部,水库主体区域与本井田无重叠,井田与其东南角的汇水区重叠。岳城水库位于河北省邯郸市磁县与河南省安阳县交界处,是海河流域漳卫河系漳河上的一个控制工程,控制流域面积 18 100 km²,占漳河流域面积的 99.4%,总库容 13 亿 m³,洪水位为 152 m。水库于 1959 年开工,1960 年拦洪,1961 年蓄水,1970年全部建成。水库的任务是防洪、灌溉、城市供水并结合发电。通过水库调蓄,保证了下游广大平原地区和京广、京沪、京九铁路及京珠、京福等高速公路的安全,通过河北省民有渠、河南省漳南渠可灌溉农田 220 万亩,可部分解决邯郸、安阳两市工业及生活用水,并结合灌溉发电。该水库为河北省和河南省的规划地表水饮用水水源地。

　　岳城水库主体在矿区之外,仅在井田东北角涉及其一部分汇水区,即水库西南部约0.5 hm²的面积位于井田之内,占总汇水面积比例极小。该汇水区为季节性河流申家河的汇入处,每年主要在雨季有水汇入,由于申家河主要依靠降水补给,因此汇入水量很小。库底为二叠系砂、泥质岩层和新生界古近系、新近系砾岩和黏土层,储水条件较好。

（2）双全水库:位于安阳县蒋村乡洹河支流汾洪江上,水库总库容 1 819 万 m³,控制流域面积 171 km²,多年平均年径流量 1 080 万 m³。该库主要起局部防洪和拦蓄洪水作用,然后逐渐排入洹河供下游利用,基本上不直接供水。

（3）珍珠泉:在河南省安阳县城西 20 km 的水冶镇西,是水冶镇重要的供水水源,主要由马蹄泉、拔剑泉、卧龙泉等 8 泉组成,水面面积 1 300 m²,珍珠泉平均水深 2 m,现状泉水涌水量 2.2 m³/s,珍珠泉景区已开辟为珍珠泉公园。伦掌井田位于珍珠泉域东北,最近距离约 4.8 km。

3.1.5　社会经济概况

分析区位于安阳县西部,包括水冶镇、铜冶镇、善应镇、曲沟镇、蒋村乡、伦掌镇、都里乡、磊口乡、许家沟乡、马家乡、安丰乡、洪河屯乡 12 个乡（镇）,面积约 733 km²,总人口 42.5 万人。本区南东距安阳市约 30 km,南距水冶镇约 7 km,安（阳）—林（州）铁路于矿区南部边界通过,该矿井设有铁路专用线与安（阳）—林（州）铁路接轨。安阳至积善公路于矿区西部外围通过,区内乡间公路纵横成网,交通便利。

分析区位于安阳县西部山丘地区,自然旅游资源和宗教文化旅游资源较为集中。比较著名的有珍珠泉、小南海泉、小南海原始人洞穴遗迹等。区域内矿产资源丰富,已发现的矿种有 30 多种,铁矿石、石英砂、高岭土、白云石、煤炭等储量较大,西部有红岭、大众等多个生产矿井。这些矿产资源为当地的煤炭工业、电力工业、钢铁冶炼业、建材业和化肥生产提供了充足的原料。该区域农业为一年两熟制,主要农作物为小麦、玉米,经济作物主要有棉花、花生,2009 年粮食总产量约 27 万 t,工业增加产值约 68.1 亿元。

3.2　水资源状况

3.2.1　降水量

根据河南省水资源调查评价成果,分析区多年平均降水量 631.9 mm,$P = 50\%$ 保证率年降水量为 602.9 mm,$P = 75\%$ 保证率年降水量为 491.3 mm,$P = 95\%$ 保证率年降水量为 420.5 mm,$P = 97\%$ 保证率年降水量为 361.4 mm。

该区域降水时空分布不均,年际之间差别较大。根据多年降水量系列分析,多年平均降水量 631.9 mm,最大降水量 1 170.9 mm（1963 年）,最小降水量 308.0 mm（1997 年）,汛期降水集中在 6～9 月,多年平均汛期 4 个月降水量 474.0 mm,占全年降水量的 74%。分析区内冬春季降水量极少,极易发生旱灾。

3.2.2　水资源量

3.2.2.1　河川径流资源量

根据安阳水文站长系列观测资料及各项引、用水的调查资料,分析区多年平均径流量为 10 691 万 m^3,折合径流深为 139.8 mm,年径流系数为 0.22。

分析区属灰岩山区,泉域较发育,区内有小南海泉和珍珠泉,河川径流量相对丰富。根据多年资料系列分析,该区域连续最大 4 个月径流量发生在 7 ~ 10 月,径流量 6 033 万 m^3,占年径流量的 50.6%。

3.2.2.2　地下水资源量

根据河南省水资源调查评价成果,分析区多年平均地下水资源量为 9 251 万 m^3,地下水资源模数为 11.28 万 m^3/km^2。地下水可开采量为 7 863 万 m^3,可开采模数为 9.92 万 m^3/km^2。

3.2.2.3　水资源总量

分析区多年平均地表水资源量 10 691 万 m^3,地下水资源量为 9 251 万 m^3,地表水和地下水资源重复计算量为 3 707 万 m^3,区域水资源总量 16 235 万 m^3。

3.3　水资源开发利用现状分析

3.3.1　供水工程情况

供水工程根据供水水源分地表水源供水工程和地下水源供水工程。地表水源供水工程主要有蓄水工程、引水工程和提水工程;地下水源供水工程主要以机电井开采为主,按开采的地下水类型又可划分为浅层水(潜水)和中深层水(承压水)。现根据区域具体情况分述如下。

3.3.1.1　蓄水工程

小南海水库属区域内,也是安阳市内唯一的大型水库,位于洹河上游安阳市区以西 35 km 处的后驼村,水库总库容 10 759 万 m^3,控制流域面积 850 km^2。库区存在严重的渗漏问题,虽经多次工程处理后有明显改善,但目前尚未彻底解决。该水库不直接供水,而是与下游彰武水库联合运用,通过彰武水库主要向安阳市城市生活、工业用水和下游灌区灌溉用水供水。

区内主要有中型水库 2 座,分别为彰武水库、双全水库。彰武水库总库容 7 830 万 m^3,兴利库容 2 755 万 m^3,主要接纳小南海泉水,控制汇水面积 120 km^2,现为安阳市工农业重要供水水源。双全水库位于安阳县蒋村乡洹河支流汾洪江上,水库总库容 1 819 万 m^3,控制流域面积 171 km^2,多年平均年径流量 1 080 万 m^3。该水库主要起局部防洪和拦蓄洪水作用,然后逐渐排入洹河供下游利用,基本上不直接供水。

区内有小水库 78 座,蓄水池 300 座,蓄水库容 4 745 万 m^3,其中兴利库容 1 633 万 m^3。

3.3.1.2　引提水工程

跃进渠引水工程位于河南省安阳县西部丘陵区,渠首在浊漳河右岸古城村西,设计引水量 15 m^3/s,灌区控制面积 544 km^2。引漳灌溉面积 30.5 万亩,涉及安阳县 11 个乡(镇)。

3.3.1.3　地下水取水工程

区内地下水开采工程主要是乡(镇)企业自备井和少量的农村生活取水井。其中,中深层地下水(中生代碎屑岩类孔隙裂隙潜水及承压水)主要取自乡(镇)企业自备井,浅层地下水(第四系松散岩类孔隙及孔隙裂隙潜水)主要用于农村生活用水和部分乡镇企业用水。此外,还有一定数量的煤矿抽排地下水,包括大众煤矿、红岭煤矿、主焦煤矿及辛庄煤矿等。

3.3.2　区域供用水情况

3.3.2.1　地表水供水量

根据 2005～2009 年供用水资料统计,现状年平均地表水供水量 9 284 万 m^3。蓄水工程年平均供水量 632 万 m^3(主要为小型蓄水工程供水),引水工程年平均供水量 8 414 万 m^3(其中引漳河水 8 524 万 m^3),提水工程年平均供水量 238 万 m^3。地表水源供水量占总供水的 59.85%。具体供水情况见表 2-3-1。

表 2-3-1　2005～2009 年区域供水量统计　　　　　　　　(单位:万 m^3)

年份	蓄水	引水	提水	合计	地下水开采量		矿井排水	合计
					浅层地下水	中深层地下水		
2005	582	5 351	190	6 123	1 447	639		12 209
2006	550	10 481	272	11 303	1 475	681		17 459
2007	608	11 222	246	12 076	1 561	720	4 000	18 357
2008	632	9 414	345	10 391	1 566	739		16 696
2009	789	5 604	138	6 531	1 573	745		12 849
平均	632	8 414	238	9 285	1 524	705	4 000	15 514

3.3.2.2　地下水供水量

2005～2009 年区内乡(镇)企业自备井平均开采中深层地下水 705 万 m^3,乡(镇)企业自备井和农村生活用水平均开采浅层地下水量 1 524 万 m^3,矿井排水量平均 4 000 万 m^3。地下水源供水量占总供水量的 40.15%。具体供水情况见表 2-3-1。

3.3.2.3　区域用水量

2005～2009 年平均农林灌溉用水 9 808 万 m^3,占总用水量的 76.88%,说明农业仍是区域内的用水大户;乡(镇)工业年平均用水 1 940 m^3,占总用水量的 15.21%;农村生活年平均用水 1 010 万 m^3,占 7.91%。具体供水情况见表 2-3-2。

表 2-3-2　2005～2009 年区域用水量统计　　　　　　　　(单位:万 m^3)

年份	农业	工业	生活	合计
2 005	5 473	1 799	937	8 209
2 006	10 622	1 832	1 005	13 459
2 007	11 396	1 945	1 016	14 357
2 008	9 641	1 974	1 081	12 696
2 009	11 907	2 148	1 013	15 068
平均	9 808	1 940	1 010	12 758

3.3.3　区域内水资源开发利用程度分析

2005~2009 年当地地表水资源平均利用总量 7 444 万 m^3（包括向下游平原区供水量）。其中,大型蓄水工程年平均供水量 4 968 万 m^3,小型蓄水工程年平均供水量 632 万 m^3,沿河道年平均提水量 238 万 m^3。地下水开采总量 3 911 万 m^3,其中浅层地下水年平均开采量 1 524 万 m^3,中深层地下水年平均开采量 705 万 m^3,矿井年平均排水量 4 000 万 m^3。具体见表 2-3-3。

表 2-3-3　2005~2009 年当地水资源利用量成果　　　　（单位:万 m^3）

年份	大型水库供水	小型水库供水	河道提水	当地地表水利用总量	自备井开采地下水	矿井排水	地下水利用总量
2005	4 846	582	190	7 623	2 086		6 086
2006	5 496	550	272	8 324	2 156		6 156
2007	4 991	608	246	7 852	2 281	4 000	6 281
2008	4 336	632	345	7 321	2 305		6 305
2009	5 172	789	138	6 099	2 318		6 318
平均	4 968	632	238	7 444	2 229	4 000	6 229

2005~2009 年当地地表水资源平均利用量 7 444 万 m^3,相当于区域多年平均地表水资源量的 69.6%,开发利用率比较高;地下水年平均开采量 6 229 万 m^3,占区域内多年地下水资源可开采量的 79.22%,开发利用程度较高（地下水利用量统计的矿井排水主要为深层地下水,地下水资源量统计的主要是浅层地下水和中深层地下水）。其中,矿井排水大多被处理达标后再次利用。因此,区域内地下水开采利用的主要是浅层水。具体见表 2-3-4。

表 2-3-4　2005~2009 年区域水资源利用率分析　　　　（单位:万 m^3）

年份	地表水利用总量	多年平均地表水资源量	地表水资源利用率（%）	地下水利用量	地下水可开采量	地下水资源利用率（%）
2005	7 623	10 691	63.9	6 086	7 863	77.40
2006	8 324	10 691	69.8	6 156	7 863	78.29
2007	7 852	10 691	65.9	6 281	7 863	79.88
2008	7 321	10 691	61.4	6 305	7 863	80.19
2009	6 099	10 691	57.0	6 318	7 863	80.35
平均	7 444	10 691	69.6	6 229	7 863	79.22

3.4　区域水资源开发利用存在的主要问题

3.4.1　区域水资源较贫乏

区域多年平均降水量 631.9 mm,区域水资源总量 16 235 万 m^3。人均和亩均拥有水资源量均低于河南省人均、亩均占有量的平均水平,属于严重缺水地区。

3.4.2　现有水利工程的供水能力下降

由于境外来水量和当地产水量不断减少,很多水利工程闲置,从而造成了工程老化速度加快和严重失修。另外,由于分析区内采矿企业较多,采矿疏水造成地下水位不断下降,原有机电井的抽水能力逐渐衰减,甚至报废,必须另打更深的机井,导致目前出现机井越打越多、越打越深和报废的机井数越来越多等现象,增加了农业生产成本和农民的经济负担。同时,存在因工程使用率较低引发的管理松懈和维修费用不足等问题。

3.4.3　污水处理工程不完善

水污染主要来源于区域内工矿企业排放的生产废水和生活污水。企业经济状况较差,导致环保设施老化,不能正常运行。乡(镇)工业发展迅速,不少乡(镇)企业环保意识差,经营粗放,大部分乡(镇)企业没有建设场内污水处理系统,致使大量工业废水超标排放,污染了下游河流的地表水环境。

分析区内采矿、冶炼企业较多,采矿和冶炼极易造成环境污染,而且采矿对地下水源毁坏严重。应强化区域环境综合治理工程,加大治污力度,兴建废污水再生利用工程,以水资源的可持续利用支撑当地经济社会的可持续发展。

4　建设项目取用水合理性分析

4.1　取水合理性分析

河南超越煤业股份有限公司伦掌煤矿为新建矿井,设计生产能力为 1.80 Mt/a。煤矿生产、生活及消防用水均取自矿井排水。矿井正常涌水量 870 m³/h(20 880 m³/d),年涌水量 762.12 万 m³;最大涌水量 1 305 m³/h(31 320 m³/d),年涌水量 1 143.18 万 m³。矿井取水量按正常涌水量计算,故本矿井合计正常取水量为 870 m³/h(20 880 m³/d),年取水量 762.12 万 m³(按 365 d 计)。根据《河南超越煤业股份有限公司伦掌煤矿可行性研究报告》,项目设计总用水量为 2 519.9 m³/d,生产用水按 330 d 计,生活用水按 365 d 计,则年用水量为 85 万 m³。

对伦掌煤矿取用水,从以下两个方面分析其取用水的合理性:其一是从国家产业政策和安阳市水资源开发利用现状、配置、规划、供水安全等方面分析取水的可行性和合理性;其二是从本工程的用水工艺和过程着手,按照整体最优,注重节水、减污的原则对各环节用水进行平衡分析计算,进一步提出节水措施和建议。

4.1.1　符合国家产业政策

安阳伦掌井田位于河南省安阳市安阳县伦掌乡境内。根据划定井田范围内获得的资源量和煤层赋存条件,本矿井设计生产能力 180 万 t/a,服务年限 46.1 a。全井田采用立井单水平上、下山开拓,井底水平 -1 000 m,共划分 7 个采区。工程投产后,在建设规模上属于大型煤矿,符合河南省区域新建、改、扩建矿井规模不低于 30 万 t/a 的规定。

伦掌煤矿地理位置较好、交通方便,井田内地质构造及水文地质条件中等,储量较丰富,开采煤层赋存较稳定,煤质好,开采技术条件中等,外部建设条件落实可靠,产品市场前景较好。经济评价具有较好的盈利和抗风险能力,各经济技术评价指标满足有关规定。

伦掌煤矿设计生产能力 180 万 t/a,按照高产、高效现代化矿井的模式进行设计。依据《产业结构调整指导目录》(2005 年本),本项目属于"鼓励类第三、煤炭类第二,120 万 t/a 及以上的高产高效煤矿(含矿井、露天)、高效选煤厂建设",本项目建设符合国家产业政策的要求。根据国家环境保护总局环发〔2002〕26 号关于发布《燃煤二氧化硫排放污染防治技术政策》的规定:"各地不得新建煤层含硫硫份大于 3% 的矿井。"伦掌煤矿设计开采二₁煤层。二₁煤煤质以低灰、发热量特高热值、特低硫、特低氯、低磷为主要特征,全硫含量平均为 0.33%,低于 3%。因此,本矿井的建设符合国家相关产业政策、环保政策的规定。

从区域位置分析,属于《煤炭产业政策》明确提出的十三个大型煤炭基地的河南基地。安阳伦掌井田矿区地处华北太行山东缘丘陵地形,依据《河南省城市集中式饮用水源保护区划》和《河南省水功能区划报告》,矿区所在位置不属于重要地下水资源补给区和生态环境脆弱区,依据《河南省安阳市地质环境调查报告》,本项目不属于在地质灾害危险区等禁采区内开采煤炭的项目。

伦掌煤矿与河南省规定的岳城水库水源地准保护区部分重叠,根据《伦掌煤矿对岳城水库大坝和库区安全影响论证报告》(南京水利科学研究院,2010年8月),伦掌煤矿不会对岳城水库造成影响。

伦掌煤矿属于新建大型煤矿,并相应配套建设有相应规模的选煤厂,符合在煤矿集中矿区建设群矿选煤厂的国家煤炭产业政策。

从以上各方面分析,伦掌煤矿项目建设符合国家煤炭相关政策。

4.1.2　符合水利产业政策

安阳市为河南省主要工业区,国民经济基础较强,工业经济发展起步较早。矿区地处豫北工业重地安阳市,区域煤炭需求量大,主要用煤大户有安阳电厂、安阳化肥厂、安阳钢铁厂等大中型企业。矿区交通运输方便,原煤还可以通过公路、铁路远销外省,其市场十分广阔。安阳大众矿区主采煤层二$_1$煤,为低灰、特低硫、高发热量优质动力煤和配焦煤,是发电、化工、冶金、建材行业的理想燃料,可作为火力发电用煤、动力用煤及居民生活用煤;并且部分煤源洗选后可作为炼焦用煤,销售市场非常广阔。安阳伦掌煤矿建成投产无疑可以对当地工业企业提供能源重要支撑,对支持社会主义新农村建设和安阳市国民经济发展将会有重大积极作用。

由于矿井排水是采煤的副产品,只要有矿井采煤,就必然有矿井水排出。矿坑排水是一种变废为宝、综合开发利用的再生资源,是国家提倡利用的再生水资源。随着经济的发展,用水危机日益加剧,开发利用矿坑排水,实现煤废水资源化,提高矿坑排水的利用率是保护水资源的重要举措。同时,对于缓解水资源紧缺状况,保护生态环境,改善水资源质量,促进经济可持续发展具有极其重要的战略意义和显著的经济、社会、生态效益。

安阳伦掌煤矿项目以矿井排水作为取水水源,一方面以矿井排水代替当地水资源,节约了对当地水资源的取用量;另一方面,将煤矿矿井排水处理后作为矿区生产、生活供水水源,提高了煤矿矿井排水的综合利用率,减少了矿井排水对当地的排泄量。同时,将处理后的矿井水排入当地跃进渠东干渠,供给周边村庄灌溉使用,这样不仅减小了对当地第四系地下水的过量开采,而且充分利用了矿井生产过程中的矿井水。上述是合理开发利用煤矿排水再生资源,节约水资源和保护当地水环境的重要措施。因此,建设项目规划的取水方案符合国家《水利产业政策》。

4.2　用水合理性分析

4.2.1　用水种类

伦掌矿井用水主要包括厂区职工生活用水和生产用水,厂区职工生活用水主要指保证职工安全生产与身体健康等附属用水,用水项目包括职工办公设施、食堂、浴室、洗衣、单身公寓用水、锅炉补水等;生产用水包括井下消防洒水、洗煤用水、注浆用水、绿化用水、瓦斯发电补水、贮煤场及地面洒水等,同时有消防用水。

4.2.2　给水排水系统

4.2.2.1　矿井给水系统

伦掌井下排水采用高密度迷宫斜板净水器,该工艺在矿井水处理中应用广泛,处理效果稳定可靠,对 SS、COD 的去除率在 75% 以上,对石油类和氨氮的去除率在 50% 以上。矿井水经处理后能够达到《污水综合排放标准》(GB 8978—1996)一级标准和《煤炭工业污染物排放标准新、改、扩标准》,同时满足《城市污水再生利用城市杂用水水质》(GB/T 8920—2002)和选煤厂补充水水质,可回用于消防洒水和绿化、道路洒水。因此,将处理后矿井水回用为道路洒水、井下消防洒水和生产补充水在技术上经济可行。其工艺流程如下:

(1)矿井水处理及供水系统流程详见图 2-4-1。

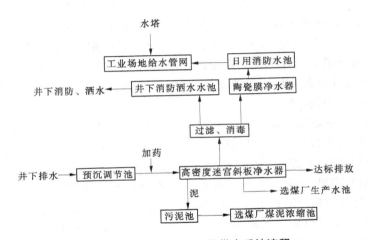

图 2-4-1　矿井水处理及供水系统流程

(2)主要供水构筑物。

①调节水池 2 座,单座 $V = 600$ m³,$L \times B \times H = 12.9$ m $\times 12.9$ m $\times 4.0$ m(钢筋混凝土,地下式)。

②斜管沉淀池 3 座,每座处理能力 $Q = 320$ m³/h,每座 $L \times B \times H = 17.15$ m $\times 5.17$ m $\times 5.80$ m(钢筋混凝土,地上式)。

③煤泥池 1 座,$V = 400$ m³,$L \times B \times H = 16$ m $\times 8$ m $\times 3.5$ m(钢筋混凝土,地下式)。

④集水池 2 座,每座 $V = 100$ m³,$L \times B \times H = 5.6$ m $\times 5.6$ m $\times 3.5$ m(钢筋混凝土,地下式)。

⑤水处理间及泵房 1 座,$L \times B \times H = 15.0$ m $\times 6.0$ m $\times 5.0$ m(砖混,地上式)。

⑥井下消防及洒水水池 1 座,$V = 400$ m³,$L \times B \times H = 16$ m $\times 8$ m $\times 3.5$ m(钢筋混凝土,半地下式)。

⑦日用消防水池 $V = 600$ m³ 1 座,$L \times B \times H = 12.9$ m $\times 12.9$ m $\times 4.0$ m(钢筋混凝土,地下式)。

⑧日用消防水泵房 1 座,$L \times B \times H = 18.0 \text{ m} \times 6.0 \text{ m} \times 7 \text{ m}$,半地下式,地下部分 3.5 m。

⑨水塔 1 座,钢筋混凝土倒锥壳水塔,$V = 150 \text{ m}^3$,$H = 35 \text{ m}$。

矿井水的一部分经过高密度迷宫斜板净水器处理后,再经过滤、消毒处理,使用膜处理工艺的陶瓷膜净水器超滤处理后供工业场地生活用水。经加药消毒、过滤及陶瓷膜净水器处理后,SS 浓度小于 3 mg/L,溶解性总固体小于 1 000 mg/L。对照《生活饮用水卫生标准》(GB 5749—2006),浑浊度不超过 3 度,特殊情况不超过 5 度,pH 为 6.5 ~ 8.5,溶解性总固体小于 1 000 mg/L,经预沉调节池加药消毒、高密度迷宫斜板净水器沉淀过滤、最后经陶瓷膜净水器处理后的矿井水可作为生活饮用水水源。

迷宫式斜板沉淀池是在常规沉淀池的理论基础上改进发展的一种新型沉淀池,其工艺原理与普通沉淀池相同,但结构上采取了迷宫式的隔板,具有高效沉淀效率的工艺。在沉淀效率上,它是平流式沉淀池的 40 ~ 50 倍,是普通斜板沉淀池的 5 倍,是斜管沉淀池的 2.3 倍,在停留时间上它要比斜板沉淀池停留时间少 10 ~ 34 倍。通过添加混凝药剂后,对 SS 和 COD 的去除效率在 85% 以上。

陶瓷膜是一种孔梯度膜,它是由孔径较大、强度较高、过滤阻力小的陶瓷支撑体和孔径较小、壁厚较小、过滤精度较高、过滤阻力小的膜过滤层构成的。其主要机制为通过高温煅烧形成一种立体网孔结构微滤膜并利用其孔径微小、截流性好的特点进行截流、吸附过滤。相对于传统的陶瓷过滤元件,陶瓷膜过滤元件在保证过滤流量的情况下,由于较小的膜表面孔径可以有效地阻止截留的细小颗粒向表面孔里面的渗透,使截留的杂质全部在孔的表面,有助于过滤元件的清洗再生。过滤装置采用表面过滤和浓缩过滤方式,在高速流体的冲刷下,过滤流体通过过滤元件内部向外部渗透。过滤元件表面不易形成滤饼层,有助于保持过滤流速的稳定性。正常运行周期在 48 h 以上,根据具体情况设定压力或流量进行定时清洗,过滤元件清洗采用气 – 水反洗方式,过滤一周期后采用气 – 水混合反洗。过滤器运行时可以设置回流循环或不循环两种方式,选择回流循环方式时,循环水通过循环管道进一步进入过滤器进口管道,待循环一定程度后将其排放掉,因此过滤器净水出水率在 95% 以上。

陶瓷膜净水器适用于水处理行业中工业水处理、工业循环冷却水净化、除油、阻垢、高纯工艺水净化等。其设备相关参数见表 2-4-1。

表 2-4-1　陶瓷膜净水器相关参数

水质标准	技术参数
进水含油量(mg/L):≤10	耐酸度(%):≤98
出水含油量(mg/L):≤5	耐碱度(%):≤82
进水 SS(mg/L):≤50	气孔率(%):≥35.5 ± 0.2
出水 SS(mg/L):≤2	抗压强度(MPa):11
CODcr 处理量(mg/L):5%	抗弯强度(MPa):5.7 ± 0.1
BOD$_5$ 处理量(mg/L):10%	热稳定性(℃):250

陶瓷膜净水器过滤效率高,除油率达 80% ~ 95%,粒径大于 5 μm 的悬浮物去除率达

90%左右,能够满足矿井水深度处理的需要。

4.2.2.2　矿井排水系统

工业场地排水分矿井排水与地面生产、生活污水排水及雨水排放。

1.矿井排水

矿井正常取水量870 m³/h(20 880 m³/d),年取水量762.12万m³。矿井排水经斜管沉淀池处理后,其中约有45.57万m³/a(1 248.49 m³/d)水量在处理过程中被损耗掉,约有69.76万m³/a(1 911.23 m³/d)的水量进一步处理作为矿井生产、生活供水水源外,其他正常多余水部分646.79万m³/a(17 720.21 m³/d,按365 d计)经处理及消毒达到国家污水一级排放标准后外排至跃进渠东干渠五里洞上游段,由安阳县跃进渠灌区管理局统一调度分配。

2.地面生产、生活污水排水

工业场地地面的主要污水来源为粪便污水、洗衣、洗澡污水等。

工业场地生活污水量约为9.11万m³/a(276.11 m³/d)。粪便污水、食堂污水、浴室及其他污水通过排水管道收集在一起,经过地埋式一体化生活污水综合处理设备处理达标后回用于生产用水。生活污水处理及排水系统见图2-4-2。

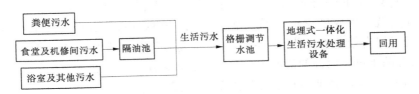

图2-4-2　生活污水处理及排水系统

污水处理设备及构筑物如下:

(1)地埋式污水一体化处理设备2座,处理能力2×250 m³/d,$L×B×H$=15.7 m×3.6 m×2.5 m(钢筋混凝土,地下式)。

(2)污水格栅调节池:V=200 m³,共1座。

(3)潜污泵,50QW25-10-1.5 4台(两用两备),Q=25 m³/h,H=0.10 MPa,N=1.5 kW。

3.雨水排放

矿井工业场地地面雨水由雨水排水明沟收集后外排至工业场地南部冲沟。

4.2.3　设计用水量

根据可研报告,伦掌矿井项目各部分设计用水分述如下,具体各分项用水量见表2-4-2:

(1)工业场地生活用水:矿井生活用水、食堂用水、浴室用水、洗衣用水、单身公寓用水、锅炉补充水、淋浴器及洗脸盆用水等,设计用水量528.8 m³/d,19.30万m³/a。

(2)井下消防洒水:设计用水量为518.4 m³/d,17.11万m³/a。

(3)洗煤用水:设计用水量415.7m³/d,13.72万m³/a。

(4)注浆用水:设计用水量为360.0 m³/d,11.88万m³/a。

表 2-4-2　矿井正常用水量

序号	用水项目		取用新水量		生活用水回用量		总用水量	
			m³/d	万 m³/a	m³/d	万 m³/a	m³/d	万 m³/a
1	矿井生活用水		528.8	19.3			528.8	19.3
2	生产用水	洗煤用水	228.2	7.53	187.5	6.19	415.7	13.72
		注浆用水	360.0	11.88			360.0	11.88
		绿化用水			55.0	1.82	55.0	1.82
		瓦斯发电用水	480.0	15.84			480.0	15.84
		贮煤场及地面洒水			162.0	5.35	162.0	5.35
		井下消防洒水	518.4	17.11			518.4	17.11
3	总计		2 115.4	71.66	404.5	13.36	2 519.9	85.02

（5）瓦斯发电补水：设计用水量为 480.0 m³/d,15.84 万 m³/a。

（6）绿化用水：设计用水量为 55.0 m³/d,1.82 万 m³/a。

（7）贮煤场及地面洒水：设计用水量为 162.0 m³/d,5.35 万 m³/a。

根据各用水工序和各用水项目对水质的不同要求,依据优水优用的原则,进行水量分配。

综上所述,项目设计总用水量为 2 519.9 m³/d,生产用水按 330 d 计,生活用水按 365 d 计,则年用水量为 85.02 万 m³/a,其中工业场地生产用水量为 1 991.1 m³/d(65.7 万 m³/a):包括井下消防洒水用水 518.4 m³/d(17.11 万 m³/a);洗煤用水 415.7 m³/d (13.72 万 m³/a);注浆用水 360.0 m³/d(11.88 万 m³/a);绿化用水 55.0 m³/d(1.82 万 m³/a);瓦斯发电补水 480.0 m³/d(15.84 万 m³/a);贮煤场及地面洒水 162.0 m³/d(5.35 万 m³/a)。工业场地生活用水 528.8 m³/d(19.3 万 m³/a)。其中,生活污水经过处理后为 404.5 m³/d(13.35 万 m³/a),用于选煤厂补充水 187.5 m³/d(6.19 万 m³/a)和绿化用水 55.0 m³/d(1.82 万 m³/a)、贮煤场及地面洒水 162.0m³/d(5.35 万 m³/a)。水量平衡图见图 2-4-3。

4.2.4　用水指标

本项目用水指标主要计算单位产品取水量、选煤水重复利用率、新水利用系数和职工生活用水指标。根据《评价企业合理用水技术通则》(GB/T 7119—1993)和《工业用水考核指标及计算方法》(CJ 42—1999),确定该项目用水指标计算公式。

4.2.4.1　单位产品取水量

单位产品新水量指每生产单位数量的工业产品所需的新水量,其表示形式为

$$V_{uf} = \frac{V_{Yf}}{Q}$$

式中:V_{Yf} 为单位产品取水量,m³/t;V_{yf} 为年总取水量;Q 为年生产规模。

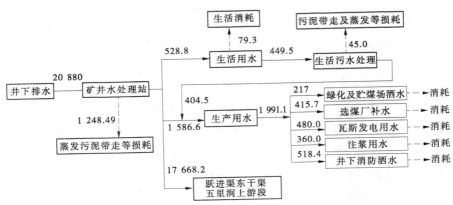

注：虚线为消耗损失量(单位：m³/d)。本项目生活用水按365 d考虑，生产用水按330 d考虑，因此本项目年退水量按以下公式
计算：本项目年退水量=年矿井排水量(365 d计算)-年生活取水量(365 d计算)-年损失量(365 d计算)-年生产取水量(330 d计算)
    =20 880×365-1 248.49×365-528.8×365-1 586.6×330=644.89(万 m³)，则平均每天退水量为17 668.2 m³。

图 2-4-3　水量平衡图

4.2.4.2　选煤水重复利用率

选煤水重复利用率计算公式为

$$R = \frac{V_r}{V_t}$$

式中：R 为选煤水重复利用率(%)；V_r 为选煤水重复利用水量，包括循环水量、串联用水和回用水；V_t 为选煤生产过程用水量。

4.2.4.3　新水利用系数

新水利用系数在一定的计量时间(年)内，生产过程中使用的新水量与外排水量之差同新水量之比，其表示形式为

$$K_f = \frac{V_f - V_d}{V_f}$$

式中：K_f 为新水利用系数；V_f 为生产过程中取用的取水量；V_d 为生产过程中外排水量。

4.2.4.4　生活用水水平

生活用水水平指每个职工在生产中每天用于生活的取水量，其表示形式为

$$V_{lf} = \frac{V_{ylf}}{n}$$

式中：V_{lf} 为厂区职工人均生活日用取水量，m³/(人·a)；V_{ylf} 为厂区职工生活日用新水总量，m³/a；n 为职工总人数，人。

本建设项目中用水指标计算如下：

矿井单位产品取水量 $V_{uf} = (71.65 - 7.53)/180 = 0.356 (m³/t)$。

选煤单位产品取水量 $V_{uf} = (13.72 - 6.19)/180 = 0.042 (m³/t)$，其中6.19 万 m³/a 为生活污水量(13.35 万 m³/a)经处理后减去回用于绿化及贮煤场洒水量(7.16 万 m³/a)的剩余回用于洗煤厂生产用水量。

选煤水重复利用率 $R = 404.5/415.7 \times 100 = 97.31\%$。

新水利用系数 $K_f = 2\,115.4/2\,115.4 = 1$。

生活用水指标 $V_{lf} = 19.3 \times 10\,000/1\,175 = 164.26(\text{m}^3/(\text{人} \cdot \text{a}))$。

4.2.5　用水水平分析

（1）该项目矿井单位产品取水量为 0.356 m³/t，选煤单位产品取水量为 0.042 m³/t，满足《河南省用水定额》（DB41/T 385—2009）的规定要求，见表2-4-3。

表2-4-3　河南省工业用水定额

行业名称	产品名称	定额单位	定额值	调节系数	备注
煤炭开采业	矿井采煤	m³/t	0.3	0.8~1.3	≥1.5×10⁶ t/a
	矿井采煤	m³/t	0.4	0.9~1.25	<1.5×10⁶ t/a
	矿井采煤	m³/t	3.4	0.9~1.0	水采
	建井施工	m³/延米	0.8	0.9~1.0	
煤炭洗选业	入洗原煤	m³/t	0.1	0.9~1.0	

（2）该项目选煤水重复利用率97.31%，满足《污水综合排放标准》（GB 8978—1996）选煤行业最低允许水的重复利用率90%的规定。

（3）该项目新水利用系数为1，说明该工程生产过程中系统没有外排水量，全部回用于生产过程。

（4）该项目职工生活综合用水 164.26 m³/（人·a），大于《河南省用水定额》（DB41/T 385—2009）关于城镇人均综合生活用水量52~97.5 m³/（人·a）的指标要求。

4.3　节水潜力与节水措施分析

4.3.1　节水潜力分析

根据伦掌煤矿规划的用水环节和水平衡图，以及对主要用水指标用水水平分析，该矿井在生活用水工艺流程和设备选择上，需实行节水措施。本项目需在生活用水系统方面加强管理和进行改进。

根据《河南省用水定额》（DB41/T 385—2009），城镇人均综合生活用水量为52~97.5 m³/（人·a），考虑到煤炭行业的特殊性，矿区人均综合生活用水量按97.5 m³/（人·a）进行计算，生活用水量为11.45 万 m³/a。未预见水量为1.72 万 m³/a（未预见水量按总用水量的15%计算），则核减后的生活用水量为13.17 万 m³/a（全年按365 d计，则每天用水量360.82 m³/d），较可研报告里减少6.13 万 m³/a。

生活污水经处理后276.11 m³/d（9.11 万 m³/a），回用于选煤厂补水59.11 m³/d（1.95 万 m³/a）和绿化及贮煤场洒水217 m³/d（7.16 万 m³/a），则生产取用新水量变为1\,714.99 m³/d，年取水量为56.59 万 m³。

项目总取水量为 69.76 万 m^3/a(生活用水按 365 d,生产用水按 330 d 计)。核定后矿井用水量见表 2-4-4,核减后水量平衡图见图 2-4-4。

表 2-4-4　核定后的矿井正常用水量

序号	用水项目		取用新水量		生活用水回用量		总用水量	
			m^3/d	m^3/a	m^3/d	m^3/a	m^3/d	m^3/a
1	矿井生活用水		360.82	13.17			360.82	13.17
2	生产用水	洗煤用水	356.59	11.77	59.11	1.95	415.7	13.72
		注浆用水	360.0	11.88			360.0	11.88
		绿化用水			55.0	1.82	55.0	1.82
		瓦斯发电用水	480.0	15.84			480.0	15.84
		贮煤场及地面洒水			162.0	5.35	162.0	5.35
		井下消防洒水	518.4	17.11			518.4	17.11
3	总计		2 075.81	69.76	276.11	9.11	2 351.92	78.87

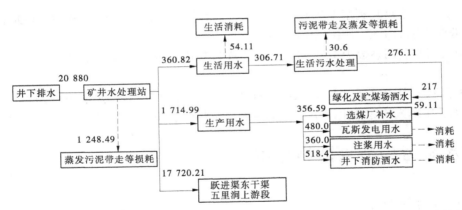

注:虚线为消耗损失量(单位: m^3/d)。本项目生活用水按365 d考虑,生产用水按330 d考虑,因此本项目年退水量按以下公式计算: 本项目年退水量=年矿井排水量(365 d计算)−年生活取水量(365 d计算)−年损失量(365 d计算)−年生产取水量(330 d计算)=20 880×365−1 248.49×365−360.82×365−1 714.99×330=646.79(万 m^3),则平均到每天退水量为17 720.21 m^3。

图 2-4-4　核减后水量平衡图

故矿井单位产品取水量 $V_{uf} = (69.76 - 11.77)/180 = 0.322(m^3/t)$。

选煤单位产品取水量 $V_{uf} = 11.77/180 = 0.065(m^3/t)$。

生活用水指标 $V_{lf} = 97.5 \ m^3/(人 \cdot a)$。

本项目生产用水按 330 d 考虑,生活用水按 365 d 考虑,因此本项目年退水量 = 矿井年排水量(365 d 计) − 矿井水处理站年消耗损失量(365 d 计) − 年生活取水量(365 d 计) − 年生产取水量(330 d 计) = 20 880 × 365 − 1 248.49 × 365 − 360.82 × 365 − 1 714.99 × 330 = 646.79(万 m^3),则平均到每天的退水量为 17 720.21 m^3。

通过优化用水和挖掘节水潜力后,伦掌煤矿核定用水指标为 0.322 m^3/t,满足《河南省用水定额》(DB41/T 385—2009):当矿井年生产能力大于或等于 1.5×10^6 t/a 时,矿井采煤定额 0.3 m^3/t(调节系数 0.8 ~ 1.3)的规定。选煤单位产品取水量为 0.065 m^3/t,满足《河南省用水定额》(DB41/T 385—2009)的要求。矿区人均综合生活用水量按 97.5 m^3/(人·a),满足《河南省用水定额》(DB41/T 385—2009)的要求。

4.3.2　节水措施分析

根据水资源保护和节水型社会建设的要求,结合河南省内各大中型煤矿节水措施及效益,本论证提出针对伦掌煤矿的具体节水措施如下:

(1)对于浴室供水,应采用温度自动控制装置及热水循环用水系统,以节省热媒消耗量和节约用水。池浴采用热媒循环加热,以达到节水目的。

(2)对于浴室内的淋浴器选用带脚踏阀的淋浴器,做到人离水停,洗脸盆上采用延时自闭式水龙头。

(3)对于设有卫生间的建筑,卫生洁具均选用节水型器具,如大便器选用延时自闭冲洗阀或感应冲洗阀,小便斗采用电控感应冲洗阀。

(4)对于食堂用水,洗碗池的水龙头选用光控水龙头,做到无人水停,以利于节水。

(5)提高职工的节水意识,强化企业内部的用水管理,加强供水管网及设施的检漏,努力降低供水损失率,提高新水利用率,减少水的排放量。

4.4　建设项目合理取用水量

伦掌煤矿正常涌水量 870 m^3/h(20 880 m^3/d),年涌水量 762.12 万 m^3;最大涌水量 1 305 m^3/h(31 320 m^3/d),年涌水量 1 143.18 万 m^3。因此,本矿井合计正常取水量为 870 m^3/h(20 880 m^3/d),年取水量 762.12 万 m^3(按 365 d 计)。

本矿井设计正常生产、生活用水量约为 2 519.9 m^3/d,年用水量 85 万 m^3(生活用水按 365 d,生产用水按 330 d 计)。其中,生产用水量为 1 991.1 m^3/d(65.7 万 m^3/a),生活用水量为 528.8 m^3/d(19.3 万 m^3/a)。

根据建设项目取用水合理性分析,经本次分析论证,采取节水措施后,核定该矿井在正常生产情况下,矿井总用水量 2 351.92 万 m^3/d,年用水量为 78.87 万 m^3(生产用水按 330 d,生活用水按 365 d 计)。生活用水量 360.82 m^3/d(13.17 万 m^3/a),生产用水量为 1 991.1 m^3/d(65.7 万 m^3/a),包括井下消防洒水用水 518.4 m^3/d(17.11 万 m^3/a)、洗煤用水 415.7 m^3/d(13.72 万 m^3/a)、注浆用水 360.0 m^3/d(11.88 万 m^3/a)、瓦斯发电补水 480.0m^3/d(15.84 万 m^3/a)。生活污水经处理后 276.11 m^3/d(9.11 万 m^3/a)回用于选煤厂用水(59.11 m^3/d,1.95 万 m^3/a)、绿化(55.0 m^3/d,1.82 万 m^3/a)和贮煤场洒水(162.0 m^3/d,5.35 万 m^3/a)。因此,生产用水取用新水量为 1 714.99 m^3/d(56.59 万 m^3/a)。

综上所述,在正常生产情况下,矿井取水量为 2 075.81 m^3/d,包括生产取水量为 1 714.99 m^3/d,生活取水量为 360.82 m^3/d。煤矿生产用水按 330 d,生活用水按 365 d 计,则矿井年合理取水量为 69.76 万 m^3。

5　建设项目取水水源论证

5.1　水源论证方案

　　根据国家和河南省水资源管理保护的有关要求,结合伦掌煤矿和安阳县水资源及其开发利用现状、项目可研报告和业主单位提出的取用水方案,以及对建设项目取水量分析结果,经调研,伦掌煤矿矿井排水能够作为该矿井生产、生活取水水源。

5.2　伦掌煤矿矿坑水水源论证

5.2.1　井田地质概况

5.2.1.1　井田地层

　　据井田内钻孔揭露及井田附近零星的基岩出露,本井田发育地层有:古生界奥陶系中统马家沟组、峰峰组;石炭系本溪组、太原组;二叠系山西组、下石盒子组、上石盒子组、石千峰组;中生界三叠系下统刘家沟组、和尚沟组;新生界新近系、第四系。

　　现由老到新简述如下:

　　1. 奥陶系(O)

　　1)奥陶系中统马家沟组(O_2m)

　　本组平均厚 379.80 m。下部为灰黄色薄层含砂粒泥质粉晶白云岩,中部为灰白色白云岩,上部为深灰色角砾状泥晶灰岩。与下伏地层呈平行不整合接触。

　　2)奥陶系中统峰峰组(O_2f)

　　本组厚 55.79 m。岩性上部主要为灰色中厚层状泥晶灰岩,灰白色白云质灰岩;下部为泥晶灰岩,夹灰黄色薄层白云岩,与下伏马家沟组呈整合接触。

　　2. 石炭系(C)

　　1)石炭系中统本溪组(C_2b)

　　本组由奥陶系石灰岩顶到一$_1^1$煤底,厚 12.85 ~ 24.93 m,平均厚 18.89 m,从南向北厚度增大。下部为浅灰色薄层状,鲕状铝质泥岩,夹不稳定的山西式铁矿,局部含菱铁质结核;中部为深灰色泥岩、细粒砂岩、粉砂岩,含大量植物化石碎片,夹透镜状及薄层状石灰岩,灰岩下一般发育薄煤层或煤线,称零煤;上部为浅黄色铝质泥岩。与下伏奥陶系峰峰组呈平行不整合接触。

　　2)石炭系上统太原组(C_2t)

　　一$_1^1$煤层底到二$_1^1$煤层下面最上一层菱铁质泥岩顶,如菱铁质泥岩不明显,则以 L_9 灰岩顶为界。该组厚 114.54 ~ 117.11 m,平均厚 115.83 m,主要由泥岩、砂质泥岩、砂岩、石灰岩及煤层组成。按其岩性组合特征可分为下部灰岩段、中部砂泥岩段和上部灰岩段。与下伏本溪组呈整合接触。

3. 二叠系(P)

1)二叠系下统山西组(P_1sh)

由菱铁质泥岩或L_9灰岩顶至砂锅窑砂岩底,厚66.86～115.66 m,平均厚89.24 m,由砂岩、泥岩、砂质泥岩和煤层组成。含煤4层($二_1$、$二_2$、$二_3$、$二_4$),$二_1$煤层为全井田主要可采煤层。据其岩性组合特征,本组可分为$二_1$煤段、大占砂岩段、香炭砂岩段和小紫泥岩段。与下伏太原组呈整合接触。

2)二叠系下统下石盒子组(P_1x)

本组由砂锅窑砂岩底至田家沟砂岩底,厚243.38～343.21 m,平均厚293.46 m,主要由砂岩、砂质泥岩、泥岩组成。据其沉积特征可划分为三、四、五、六4个煤段。与下伏山西组呈整合接触。

3)二叠系上统上石盒子组(P_2s)

本组由田家沟砂岩底至平顶山砂岩底,厚244.14～318.15 m,平均厚271.58 m,主要有砂岩、砂质泥岩、泥岩组成。按其岩性特征可分为七、八两个煤段。与下伏地层呈整合接触。

4)二叠系上统石千峰组(P_2sh)

本组由平顶山砂岩底至金斗山砂岩底,厚273.90～549.57 m,平均厚351.17 m。按其岩性特征可分为平顶山砂岩段、砂泥岩段、泥灰岩段、同生砾岩段。与下伏上石盒子组地层呈整合接触。

4. 三叠系(T)

本井田仅发育三叠系下统地层,为刘家沟组(T_1l)与和尚沟组(T_1h),厚度大于554.66 m。底部金斗山砂岩为灰紫色细粒砂岩,夹多层砂质泥岩薄层,具波状层理、水平层理,在视电阻率曲线上呈锯齿状,视电阻率值为210～851 Ω·m,自然伽马曲线反映不甚明显。下部以紫灰色、灰紫色细粒砂岩为主,夹中粒砂岩、粉砂岩、砂质泥岩薄层及多层同生砾岩薄层,细粒砂岩中夹杂色泥岩包体。上部由紫红色细粒砂岩、粉砂岩组成,成分以石英为主,层面含白云母片,具泥质包体,硅质胶结。与下伏地层呈整合接触。

5. 新生界新近系、第四系(N+Q)

本层厚93.72～244.45 m,平均厚192.08 m。下部由浅灰红色、灰黄色及灰绿色砂质黏土,黏土、砾石及黏土质砾石组成。砾石大小不一。上部为灰黄色、灰绿色砂质黏土,黏土及砾石组成,黏土中含钙质结核。顶部为黄色厚层状砂质亚黏土、黏土质砾石。与下伏地层呈不整合接触。

5.2.1.2　井田构造

1. 构造特征

本井田位于安鹤煤田的北部,煤层埋藏总体为西部浅、东部深,含煤地层总体走向近南北,倾向东,地层倾角6°～17°,一般10°左右。井田内褶曲比较发育,自北而南轴向近东西或北东向、向东倾伏的背、向斜相间排列,依次为北孟村背斜、北孟村向斜、东柏涧背斜、伦掌向斜及红旗村背斜。井田东南部发育有较完整的轴向近东西的孙家岗向斜;中南部发育轴向 NEE、背斜轴基本水平的孙家岗背斜;东北部发育有轴向北东、向北东倾伏的中清流向斜。井田内断层较发育,共发现断层 50 条,均为高角度正断层,走向以北北东向、北东向为主,其中落差 50 m 以上的断层有 8 条。走向近东西的大断层 F_1 位于本井田中部,横贯井田东西,将井田分为南北两大断块。伦掌井田构造略图见图 2-5-1。

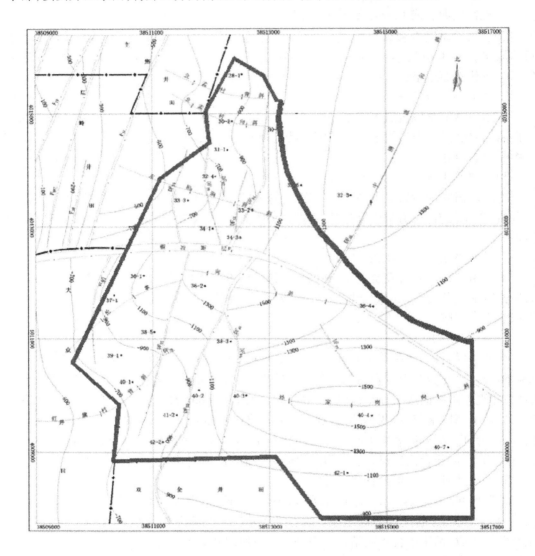

图 2-5-1　伦掌井田构造略图

2. 褶曲

受构造运动和断层的牵引作用,井田内发育的主要褶曲有 8 个,其中向斜 4 个,背斜 4 个,由北向南分述如下:

(1)北孟村背斜:位于井田的北部,北孟村西北,背斜轴走向 NWW,接近东西向,向东倾伏,从井田的西边界延伸至井田外。井田内延展长度 0.85 km。两翼基本对称,南翼地层倾向 SE,倾角 15°~17°,北翼地层倾向 NE,倾角 13°~16°;背斜轴面倾角约 86°,倾向北。

（2）北孟村向斜:位于井田的北部,北孟村西南,向斜轴走向 NWW,接近东西向,向东倾伏,从井田的西边界延伸至井田外。井田内延展长度 1.13 km。两翼基本对称,南翼地层倾向 NE,倾角 9°~12°,北翼地层倾向 SE,倾角 13°~15°;向斜轴面倾角约 84°,倾向北。

（3）东柏涧背斜:位于井田的西北部,东柏涧村南,背斜轴走向 SEE,接近东西向,向东倾伏,从井田的西边界延伸至井田外。井田内延展长度 2.12 km。两翼基本对称,南翼地层倾向 SE,北翼地层倾向 NE,倾角 15°~17°;轴面基本垂直。

（4）中清流向斜:位于井田的东北部,中清流村西,向斜轴走向 N32°E,向 NE 倾伏,从井田的东北边界延伸至井田外,井田内延展长度 1.8 km。SE 翼被 DF_{05} 断层切割。两翼基本对称,南东翼倾向 NW,北西翼倾向 SEE,其倾角均为 9°左右;轴面基本垂直。

（5）伦掌向斜:位于井田的中部,伦掌村南,向斜轴走向为 N48°E 向东转 S80°E,总体向 NE 及 E 倾伏,从井田的西边界延伸至井田外,井田内延展长度 4.93 km。被 DF_{01} 和 DF_{02} 切割成向斜轴相互错开的西、中、东三段,其西段向斜轴走向 N48°E,向 NE 倾伏,两翼基本对称,北西翼倾向 SE,南东翼倾向 NE,倾角均为 15°~17°,轴面基本垂直;中段向斜轴走向近东西,向 E 倾伏,两翼基本对称,北翼倾向 SSE,南翼倾向 NNE,倾角均为 15°~17°,轴面基本垂直;东段向斜轴走向近东西,向 W 倾伏,两翼基本对称,北翼倾向 SW,南翼倾向 NW,倾角均为 13°~15°,轴面基本垂直。

（6）孙家岗向斜:位于井田的东南部,自孙家岗村西至当中岗村北,井田内延展长度 4.11 km。轴向近东西向,其西段向东倾伏,东段向西倾伏,在向斜轴中部形成一个椭圆形盆状含煤构造;两翼基本对称,北西翼地层倾角 7°~11°,南东翼地层倾角 6°~14°;向斜轴面倾角约 86°,倾向南东。

（7）孙家岗背斜:位于井田的中南部,孙家岗村北,井田内延展长度 2.45 km。轴向 NEE,背斜轴基本水平,北翼地层倾角 8°~13°,南翼地层倾角 7°~18°,东部两翼倾角较小,背斜轴面基本垂直。

（8）红旗村背斜:背斜轴位于井田西南部,红旗村北侧,由井田西南边界延伸至井田外,井田内延展长度为 1.10 km,背斜轴走向 N50°E,向 NE 方向倾伏。两翼基本对称,北西翼倾向 NE,南东翼倾向 SE,其倾角均为 11°~13°;轴面基本垂直。

3. 断层

井田内断层较发育,全井田共发现断层 50 条,均为高角度正断层,以 NNE、NE 向为主,NW、NNW 向次之,还发育少量 EW 及 SN 向断裂;按落差可分为:落差大于 100 m 的断层 3 条,即 F_1、DF_{40}、F_{102}（DF_{01}）;落差 100~50 m 的断层 5 条,即 DF_{64}、F_{103}（DF_{02}）、DF_{05}、DF_{08} 和 DF_{63};落差 50~20 m 的断层 6 条,即 F_{22}（DF_{24}）、DF_{04}、DF_{03}、DF_{10}、DF_{31} 和 DF_{62};落差小于 20 m 的断层有 36 条。根据查明程度分为查明、基本查明和初步查明断层,对已发现断层全部进行了查明程度评级。断层情况详见表 2-5-1。

表 2-5-1　断层情况一览表

组别	编号	位置	落差（m）	产状			井田内长度（km）	控制依据	查明程度
				走向	倾向	倾角			
北北东向	DF₄₀	南部	0～145	N14°E～N25°W	NEE	75°	2.55	三维地震控制，38-3孔见及	查明
	F₁₀₂（DF₀₁）	西部	0～120	N13°E	NWW	75°	3.35	二维地震 D₀₇、D₀₅、L₀₃、D₀₃测线控制；三维地震控制，3802、39-5孔见及	查明
	DF₆₄	中北部	0～98	N5°～25°E	SEE	70°	2.05	三维地震控制，30-1、31-2、34-3、33-2孔见及	查明
	DF₀₅	东北部	20～60	N30°E	NWW	65°	1.63	二维地震 D₁₁、D₀₉、L₀₉测线控制	查明
	DF₆₃	中北部	0～50	N12°E	SEE	70°	0.79	三维地震控制，32-2孔见及	查明
	F₂₂（DF₂₄）	西南部	0～49	N0°～22°E	SEE	70°	0.72	三维地震控制，3801、39-2孔见及	查明
	DF₀₄	西北部	40～45	N11°W～N16°E	W	70°	1.45	二维地震 D₁₅、D₁₃、L₀₅、D₁₁测线控制、三维地震控制	查明
	DF₄₆	西北部	0～18	N5°E	SEE	75°	0.40	三维地震控制	查明
	DF₃₄	中南部	0～12	N10°E	W	75°	0.21	三维地震控制	查明
	DF₃₅	中南部	0～11	N14°E	SEE	75°	0.29	三维地震控制	查明
	DF₄₅	中部	0～13	N27°E	SWW	75°	0.09	三维地震控制	基本查明
	DF₅₀	西北部	0～10	N20°E	NWW	70°	0.38	三维地震控制，32-1孔见及	查明
	DF₃₉	西南部	0～12	N17°E	SEE	65°	0.66	三维地震控制，41-2孔见及	查明
	DF₅₉	北部	0～11	N17°E	NWW	70°	0.50	三维地震控制	查明

续表 2-5-1

组别	编号	位置	落差（m）	产状			井田内长度（km）	控制依据	查明程度
				走向	倾向	倾角			
北东向	F_{103}（DF_{02}）	西南部	22～175	N7°～31°E	SE	70°	3.90	二维地震 D_{07}、D_{05}、D_{03}、L_{05}、D_{01} 测线控制，36-2、38-6、40-2、39-4、42-2、41-2孔见及	查明
	DF_{25}	西南部	0～17	N25°E	NWW	70°	0.50	三维地震控制	查明
	DF_{36}	西南部	0～16	N63°E	NW	70°	0.22	三维地震控制	基本查明
	DF_{14}	西南部	0～11	N53°E	NW	65°	0.17	三维地震控制	查明
	DF_{06}	西南部	0～13	N3°～32°E	SEE	75°	0.85	二维地震 L_{05} 测线控制	查明
	DF_{11}	西南部	0～7	N60°E	NW	65°	0.16	三维地震控制	查明
	DF_{20}	西南部	0～12	N32°E	NW	65°	0.26	三维地震控制	查明
	DF_{26}	西南部	0～7	N55°E	NW	70°	0.45	三维地震控制	查明
	DF_{30}	西南部	0～7	N31°E	SE	70°	0.26	三维地震控制	查明
	DF_{37}	西南部	0～10	N73°E	SE	70°	0.22	三维地震控制	查明
	DF_{49}	中北部	0～10	N42°E	NW	75°	0.15	三维地震控制	基本查明
北西向	F_1	中部	60～470	N55°～90°W	SSW	68°	6.80	二维地震 L_{03}、L_{05}、L_{07}、D_{07}、L_{09}、D_{05} 测线控制，34-2、34-3、36-4孔见及	查明
	DF_{55}	北部	0～19	N50°W	NE	75°	0.65	三维地震控制	查明
	DF_{12}	西南部	0～14	N40°W	NE	70°	0.35	三维地震控制	查明
	DF_{13}	西南部	0～10	N40°W	SW	70°	0.15	三维地震控制	查明
	DF_{19}	西南部	0～10	N45°W	NE	70°	0.25	三维地震控制	查明
	DF_{21}	西南部	0～9	N47°W	SW	75°	0.18	三维地震控制	查明
	DF_{53}	西北部	0～10	N52°W	NE	70°	0.18	三维地震控制	基本查明
	DF_{54}	西北部	0～11	N47°W	NE	70°	0.21	三维地震控制	查明
	DF_{44}	中部	0～6	N65°W	SW	75°	0.17	三维地震控制	查明
	DF_{42}	中部	0～10	N50°W	NE	70°	0.11	三维地震控制	查明

续表 2-5-1

组别	编号	位置	落差（m）	产状			井田内长度（km）	控制依据	查明程度
				走向	倾向	倾角			
北北西向	DF08	西北部	38~55	N16°W	SWW	70°	1.80	二维地震 D11、D09 测线控制；三维地震控制，32-4 和 33-1 孔见及	查明
	DF03	中东部	0~30	N30°W	SWW	66°	1.10	二维地震 L09、D05 测线控制	基本查明
	DF10	西南部	14~26	N20°W	SWW	75°	0.16	三维地震控制	查明
	DF62	中北部	0~20	N14°W	SWW	70°	0.55	三维地震控制	查明
	DF32	中南部	0~11	N23°W	SW	75°	0.21	三维地震控制	查明
	DF48	西北部	0~6	NW	NE	75°	0.08	三维地震控制	查明
	DF57	北部	0~15	N16°W	NEE	70°	0.32	三维地震控制	查明
	DF51	西北部	0~12	N17°W	NEE	70°	0.30	三维地震控制	查明
东西向	DF31	中南部	0~20	EW	N	70°	0.41	三维地震控制	查明
	DF18	西南部	0~19	EW	N	75°	0.68	三维地震控制	查明
	DF22	西南部	0~17	EW	N	70°	0.39	三维地震控制	查明
	DF43	中部	0~12	EW	N	75°	0.16	三维地震控制	查明
	DF60	北部	0~15	EW	N	75°	0.27	三维地震控制	查明
南北向	DF47	西北部	0~12	SN	E	75°	0.33	三维地震控制	查明
	DF52	中西部	0~13	SN	E	75°	0.35	三维地震控制	查明

注:表中数据来源于勘探报告。

现将井田内主要断层描述如下。

1）NW 向断层

F_1 断层（铜冶断层）：位于井田中部，其走向：西部为东西方向，东部转为南东方向，西部向南倾，东部向南西倾，断面倾角68°，北盘地层上升，南盘地层下降，井田内断层落差 60~470 m，为一正断层。井田内延展长度 6.80 km，西部和东部都延伸出井田外。该断层为查明断层。

2）NNE 向断层

（1）DF_{40} 正断层：位于井田中南部，其北端交于 DF_{02} 断层，走向 N14°E ~ N25°W，倾向 NEE，断面倾角75°，西盘地层上升，东盘地层下降，落差 0~145 m，延展长度为 2.55 km。该断层为查明断层。

（2）F_{102}（DF_{01}）断层：位于井田西南部，为一正断层。走向 N13°E，倾向 NWW，断面倾角75°，北西盘地层下降，南东盘地层上升，东盘地层上升，西盘地层下降，落差 0～120 m。该断层在井田内延伸长度为 3.35 km，其北端和 F_1（铜冶）断层相交，由北向南落差逐渐减小，直至尖灭。该断层为查明断层。

（3）DF_{64} 正断层：位于井田中北部，该断层在二维勘查时表现为测线 L_{07} 上孤立断点 df_{02} 和测线 D_{13} 上的孤立断点 df_{03}；其走向为 N5°～25°E，倾向 SEE，断面倾角 70°，西盘地层上升，东盘地层下降，落差 0～98 m。该断层为查明断层。

（4）DF_{63} 正断层：位于井田中北部，其南端与 DF_{64} 断层相交，向北在 32 勘查线北边尖灭。其走向为 N12°E 向，倾向 SEE，断面倾角 70°，延展长度为 7.90 km，西盘地层上升，东盘地层下降，井田内落差 0～50 m。该断层为查明断层。

（5）F_{22}（DF_{24}）正断层：位于井田西南部，在井田内延伸 0.72 km，从西南边界向北延伸至井田外，走向 N0°～22°E，倾向 SEE，断面倾角 70°，西盘地层上升，东盘地层下降，落差 0～49 m。该断层为查明断层。

（6）DF_{04} 正断层：位于井田的西北部，向北延展至井田外，走向 N11°W～N16°E，倾向W，断面倾角 70°，东盘地层上升，西盘地层下降，在井田内落差 40～45 m，延展长度为1.45 km。该断层为查明断层。

3）NE 向断层

F_{103}（DF_{02}）正断层：位于井田中南部，为正断层。走向 N7°～31°E，断面倾向 SE，断面倾角 70°，西盘地层上升，东盘地层下降，落差 22～175 m。该断层在井田内延展长度为3.90 km，其北端与 F_1 断层相交，中北段与 DF_{40} 断层相交，总体由北向南落差逐渐减小，从本井田南边界延伸出井田外。该断层为查明断层。

4）NNW 向断层

（1）DF_{08} 正断层：位于井田西北部，二维地震勘查表现为测线 D_{11} 和测线 L_{05} 上的断点，由于测线间距大，钻孔少，造成偏移量不够；三维勘查确定该断层位置较二维时向浅部偏移。其走向 N16°W，倾向 SWW，东盘地层上升，西盘地层下降，井田内落差 38～55 m，断面倾角 70°，井田内延伸 1.80 km，勘探时平面图上显示从东柏涧村东向北延伸出井田。该断层为查明断层。

（2）DF62 正断层：位于井田中北部，走向 N14°W，倾向 SWW，断面倾角 70°，本断层北东盘地层上升，南西盘地层下降，在井田内落差 0～20 m，延展长度 0.55 km。该断层为查明断层。

5.2.2　井田水文地质特征

本井田位于太行山隆起地带和华北平原沉降带之间的过渡地段，总的地势西高东低，地形高差 400 余 m，煤田受山前大断裂及岩浆侵入作用的影响，地层被切割破碎，破坏了含水层的连续性，改变了含水层间固有的水力联系，使煤田水文地质条件复杂化。

在区域上按地下水的含水介质及其空隙性质，可将含水层组划分为：新生界松散岩类孔隙含水岩组，二叠系碎屑岩类裂隙含水岩组，石炭系及奥陶系、寒武系碳酸盐类岩溶裂隙含水岩组。具体见图 2-5-2。

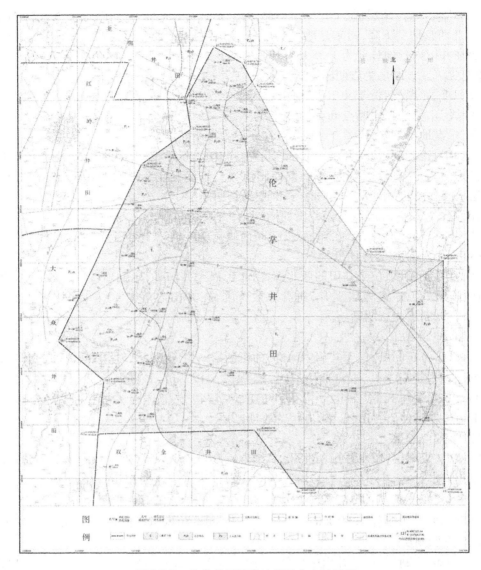

图 2-5-2　伦掌井田基岩地质及水文地质图

　　浅层孔隙地下水主要接受大气降水及其地表水补给,水量、水位随季节变化而变化,总体流向为自西北流向东南,含水层一般沿河谷及洼地分布,富水性较强。二叠系裂隙承压水补给条件差,富水性弱。深层岩溶裂隙水主要来自太行山区的侧向径流补给,其含水层埋藏深,水压高,富水性强而不均。

　　区域地下水的补给、径流、排泄规律,主要受地质构造和含水层岩性组合所控制,西部太行山区寒武—奥陶系灰岩大面积裸露,其岩溶裂隙发育,有利于大气降水和地表水补给,从而构成地下水相对补给区,地下水汇集于山前地带,由于受山前大断层及岩浆侵入体的阻滞作用分流南北,一部分以泉水的形式溢于地表,如小南海泉、珍珠泉群;一部分经煤田继续向深部运移。

本井田位于安鹤煤田东北部,地处太行山隆起带的山前地带,地势西高东低,为一全隐蔽区。该井田地下水主要接受西部太行山区基岩露头处大气降水补给,沿岩层倾向侧向径流至本井田后,继续向深部运移,在遇弱透水岩层阻隔后,形成上升泉排泄于地表。因而本井田位于区域地下水径流区。本井田上覆新生界松散层厚度较大,二₁煤层顶板以上基岩厚度 500 ~ 1 500 m,由二叠系下统山西组、下石盒子组和二叠系上统上石盒子组及石千峰组、三叠系下统的一部分组成。二₁煤层底板下伏岩层为石炭系上统太原组,中统本溪组及奥陶系峰峰组、马家沟组岩层。

5.2.2.1 主要含水层

1. 新生界冲洪积层孔隙含水组(Ⅰ)

该井田新生界地层主要由第三系地层组成,第四系地层仅在局部沉积且厚度较小,故将新生界第三、四系含水层合并叙述如下:

新生界冲、洪积层由黏土、砂质黏土、黏土质砾石、砾石、局部偶见砂层等组成,据钻孔揭露,总厚度 100.62 ~ 250.75 m。该含水岩组含水层主要由 4 ~ 7 层砾石及砂层组成,单层厚度 0.6 ~ 28.45 m,总厚度 2.45 ~ 79.05 m,平均厚 39.59 m,占新生界平均总厚的 23.3%,以透镜状沉积为特征,厚度变化大。含水层与黏土、砂质黏土及黏土质砾石交替沉积,据钻孔揭露,新生界底部多为黏土、黏土质砾石及砂质黏土与基岩顶界面接触,少数孔砾石层与基岩直接接触,占本项目勘探报告中所打施工钻孔的 33%。

该含水岩组上部为潜水含水层,水位埋深 1 ~ 20 m,水质为 $HCO_3 \cdot SO_4$—$Ca \cdot Mg$ 型水,矿化度 1.12 g/L,pH 为 7.0。垂深 50 m 以下,一般为孔隙承压水,水位埋深 20 ~ 130 m,一般 60 ~ 80 m,单井涌水量 25 ~ 120 m^3/h,一般 50 ~ 80 m^3/h。另据邻区资料:钻孔单位涌水量为 0.02 ~ 11.48 $L/(s \cdot m)$,渗透系数为 0.97 ~ 6.5 m/d,水位埋深介于 0.5 ~ 53.00 m,标高为 +8.5 ~ 246.40 m,水质类型有 HCO_3—Ca、$HCO_3 \cdot SO_4 \cdot Cl$—Ca、$HCO_3 \cdot SO_4$—Ca、$HCO_3 \cdot SO_4$—Mg 等型。说明该含水层富水性较强,但不均一,水质一般较差。因距二₁煤层较远,对二₁煤层开采无充水意义。

2. 二₁煤层顶板碎屑岩类砂岩裂隙含水层(Ⅱ)

在二₁煤层顶板以上 60 m 范围内,由 2 ~ 8 层中、粗粒砂岩及细粒砂岩组成,一般 2 ~ 3 层,间夹泥岩及砂质泥岩,含水层厚 8.06 ~ 45.47 m,平均厚 23.17 m,以香炭砂岩和大占砂岩为主,含裂隙承压水。单位涌水量为 0.000 2 ~ 0.001 7 $L/(s \cdot m)$,渗透系数为 0.000 4 ~ 0.014 m/d,水位标高为 105.38 ~ 107.80 m。据邻区资料:水质为 HCO_3—Na·Ca、$HCO_3 \cdot SO_4$—$Ca \cdot Mg$ 型水,矿化度 0.454 ~ 2.138 g/L,pH 为 6.5 ~ 8。该含水层为二₁煤层顶板直接充水含水层,因其裂隙发育程度差,补给条件不良,在正常情况下,不会对二₁煤开采造成大的影响。

3. 太原组上段灰岩岩溶裂隙含水层(Ⅲ)

由 L_8 灰岩及中粗粒砂岩组成,其中以 L_8 灰岩为主,勘探施工中揭露 L_8 厚 3.02 ~ 4.75 m,平均厚 3.83 m,单位涌水量为 0.001 ~ 0.009 $L/(s \cdot m)$,渗透系数为 0.06 ~ 0.33 m/d,水位标高 25.28 ~ 120.88 m,水质为 $ClSO_4$—Na·Ca、$ClSO_4$—$Ca \cdot Mg$ 型水,pH 为 5.3 ~ 7.5。

该含水层为二₁煤层底板直接充水含水层,但由于沉积厚度小,泥质成分含量高,岩溶裂隙不发育,补给条件不良,一般不会对二₁煤矿坑造成突水事故。需要注意的是,在局部由于受地质构造影响，与下伏 L_2、O_2 灰岩强富水含水层发生水力联系时，富水性增强，在形成 O_2、L_2 灰岩水突入矿坑的通道时，可能造成突水淹井事故。

4. 太原组下段灰岩岩溶裂隙含水层（Ⅳ）

自 L_4 灰岩顶至一$_1^|$煤层底，由 2～4 层薄—中厚层状灰岩，间夹泥岩、砂质泥岩及砂岩组成，其中 L_2 灰岩发育较好，沉积稳定。在勘探施工中共有 2 孔揭露，L_2 灰岩厚 5.22～6.92 m，平均 6.07 m，单位涌水量为 0.001～0.007 L/(s·m)，渗透系数为 0.000 4～0.16 m/d，水位标高 127.66～129.80 m，水化学类型为 SO_4·HCO_3—Ca·Mg·Na～HCO_3—Ca·Mg 型，pH 为 7.1～7.2。它是二$_1$煤层底板间接充水含水层。

5. 奥陶系灰岩岩溶裂隙含水层（Ⅴ）

据区域资料，其沉积厚度达 400～800 m。该层广泛出露于西部山区，其层位稳定，岩溶裂隙发育，有利于大气降水及地表水的补给，因而富水性强，但不均一，为该区重要含水层。单位涌水量为 0.213～0.572 L/(s·m)，渗透系数为 0.39～0.87 m/d，水位标高 128.54～130.52 m，水化学类型为 HCO_3—Ca·Mg～SO_4·HCO_3—Ca·Mg·Na 型，pH 为 7.1～7.2。

该含水层沉积厚度大，出露和补给条件好，距二$_1$煤层 134.06～151.99 m，正常情况下不会对开采二$_1$煤层形成威胁，但在断裂的影响下，可与其他含水层产生水力联系，成为底板充入二$_1$煤矿坑间接充水含水层。

5.2.2.2　主要隔水层

1. 三叠系、二叠系中、上段隔水层

本段下起二$_1$煤层上 60 m，上到基岩剥蚀面，包括三叠系刘家沟组、和尚沟组，二叠系上、下石盒子组和石千峰组，由泥岩、砂质泥岩、砂岩等碎屑岩组成，总厚 545.24～1 434.95 m，其间含数层中、粗粒砂岩及细粒砂岩，含有一定量的裂隙水，但因其远离可采煤层，且地下水补给条件极差，以消耗静储量为主，该段整体仍可作为相对隔水层段，该段是隔离二$_1$煤层与新生界含水岩组及地表水体的重要隔水层段。

2. 二$_1$煤层底板隔水层

该层为二$_1$煤层底到 L_8 灰岩顶之间的碎屑沉积，由泥岩、砂质泥岩、砂岩和薄层灰岩组成，厚 30.68～55.00 m，平均厚 34.27 m，沉积稳定，岩层连续、完整，是阻隔 L_8 灰岩水突入矿坑的重要隔水层。由于该段局部受地质构造破坏，在矿压、水压联合作用下，易产生底鼓，形成突水，未来生产中要引起高度重视。

3. 太原组中段砂泥岩隔水层

该层为 L_4 灰岩顶至 L_7 灰岩底之间的碎屑沉积，以泥岩、砂质泥岩、粉砂岩为主，偶见薄层中粗粒砂岩、煤层和灰岩，厚 41.57～49.26 m，平均厚 43.90 m，其岩性变化大，各类岩石硅质成分较高，厚度稳定，透水性差，隔水性能良好，故对阻隔太原组上、下段含水层间的水力联系有着重要作用。

4. 本溪组铝土质泥岩隔水层

该段由铝土岩、铝土质泥岩、泥岩、砂质泥岩等组成，厚 12.85～24.93 m，平均厚 18.89 m，沉积较稳定，在正常情况下对阻隔 O_2 灰岩水从底板进入矿坑有重要作用。

伦掌井田水文地质剖面图见图 2-5-3。

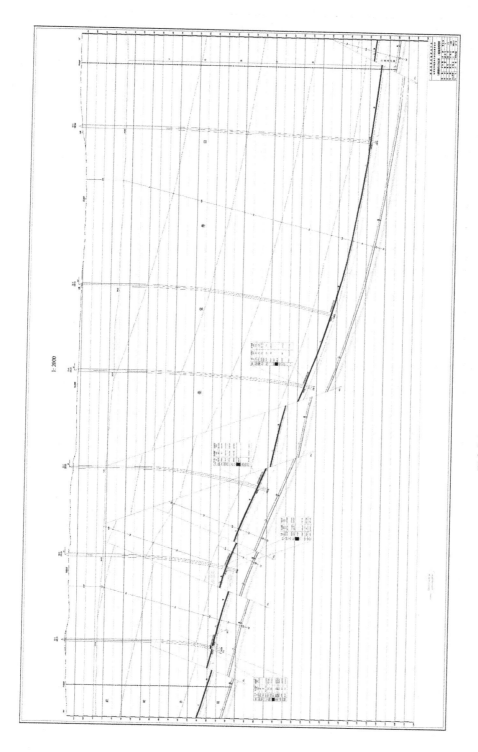

图 2-5-3 伦掌井田水文地质剖面图

5.2.2.3　构造对井田水文地质条件的影响

安鹤煤田位于华北板块(内)南部,根据河南省地质构造分区属于太行构造亚区之太行断隆,夹持于汤东断裂与林县正断层之间,受汤东断裂直接控制,构造比较复杂。区域地层走向近南北,倾向北东,倾角8°~35°,总体为具有一定起伏的单斜构造。构造以断裂为主,伴有小型褶曲。按构造展布方向可分为东西向构造、南北向构造、北东向构造、北北东向构造和北西向构造五种。

井田受区域地质构造的控制,呈单斜构造,未发现其他构造形迹,但是随着地下煤层的开采,对地应力的进一步破坏,促使断层以及其他构造的发生与发展。区内大部分煤层属岩溶水带压开采煤层,一旦有导水断层沟通,岩溶水就会侵入含煤地层和矿井,造成淹井事故。因此,要特别重视对断层、陷落柱以及其他构造的发现和研究,防止淹矿事故的发生。

5.2.2.4　充水因素分析

根据井田水文地质条件,并考虑断裂发育情况和地下水的贮存及运移特征,矿井充水因素主要受充水水源和充水通道所控制。

1. 充水水源

(1)地表水。

①河流:流经本井田的河流有红土河和申家河,均为季节性河流,以排泄洪水为主,枯水季节流量甚小,对矿井无充水影响。

②水库:水库主要有红旗水库、岳城水库。

红旗水库位于井田南部,最大库容量为126万 m^3,主要用于浇灌农田,旱季几近干枯,对矿井充水意义不大。

岳城水库位于井田北部边界外,最大库容量为10亿 m^3,为大型水库。雨季最大库存水位标高为152 m,水库内水体延伸至本井田北东部边界内与井田重叠,其重叠部分二$_1$煤层上覆岩层厚度大于1 200 m,顶部新生界厚度为200 m左右,新生界地层由厚层状黏土与砂、砾石层交替沉积组成,黏性土可塑性强,隔水性能好,是阻隔地表水与下伏基岩含水层之间的重要隔水层。本井田为深部开采矿井,煤层开挖后顶板基岩塌陷高度尚无资料可供参考,还需在先期的浅部开采过程中观察了解和掌握。根据《伦掌煤矿对岳城水库大坝和库区安全影响论证》,矿井防水安全煤柱及断层带防护煤柱留设合理,能满足安全要求,故岳城水库对矿井充水影响不大。

(2)二$_1$煤层顶板水源:本井田位于煤田深部,煤层埋深665~1 760 m,二$_1$煤层之上基岩保留厚度500~1 500 m,从整体分析新生界砂、砾石孔隙水及地表水体不会对矿井造成威胁。二$_1$煤层顶板砂岩水将是未来二$_1$煤层开采时顶板主要充水水源,因为该含水层为一弱含水岩组,在无与其他含水层发生水力联系情况下,对矿井开采影响不大。

(3)二$_1$煤层底板水源:煤层底板含水层主要有 L_8 灰岩、L_2 灰岩和 O_2 灰岩的岩溶裂隙承压水。因该井田位于深部,与浅部相比岩溶裂隙会有不同程度的减弱,但水头压力会明显增大。L_8 灰岩在浅部几个生产矿井中水量均较小,但在深部水头压力增加3~4倍,大大增加了 L_8 灰岩水突入矿井的可能。另外,L_8 灰岩岩溶发育具有不均一特征,局部岩溶裂隙发育时,其贮水空间、地下水的补给、径流条件及富水性,将明显优于二$_1$煤层顶板砂岩水。因此,L_8灰岩是二$_1$煤层底板充水的主要水源。

2. 充水通道

(1)顶板充水通道:煤层顶板砂岩裂隙承压水多沿砂岩裂隙和采动冒落裂隙进入巷道和工作面,新生界冲洪积层水在建井过程中可直接进入井巷。

(2)底板充水通道:井田内石灰岩岩溶裂隙发育,地下水贮存丰富,径流通畅,断层又比较发育,破坏了隔水层的连续性,并使各含水层之间发生了水力联系。断层使煤层与底板各含水层间距变小,甚至对接,为突水提供了便利条件,再加上采动矿压和水压的作用,使底板隔水层进一步遭到破坏,底板水在高水头压力下沿断层破碎带或在底板薄弱带产生底鼓,进入矿井造成突水事故。

3. 断裂构造对井田水文地质条件的影响

井田内断裂多为北北东向或近东西向延伸,且多为高角度正断层。L_8灰岩、L_2灰岩和O_2灰岩水可通过断层破碎带发生水力联系,一旦L_8灰岩突水,L_2和O_2灰岩水将会作为补给水源大量涌入矿坑,造成重大突水事故。

井田内可能对水文地质产生较大影响的断层有F_1、F_{102}、F_{103}、DF_{40}、DF_{04}、DF_{08}、DF_{64}及DF_{05},简述如下。

(1)F_1正断层:走向近东西,倾向南,倾角68°,落差60~470 m。该断层横穿井田中部,将本井田分成南、北两个分区。自本井田西部边界至该断层与断层DF_{103}相交处,F_1断距200~300 m,北盘地层抬升,南盘地层相对下降,北盘二$_1$煤层与另一盘石盒子组弱透水岩层相接,形成相对隔水边界,而南盘二$_1$煤层与北盘O_2灰岩对接,形成相对给水边界,同时O_2灰岩水,还可通过断层破碎带直接补给上盘二$_1$煤层的底板含水层L_2及L_8灰岩水,使其水文地质条件复杂化。见图2-5-4。

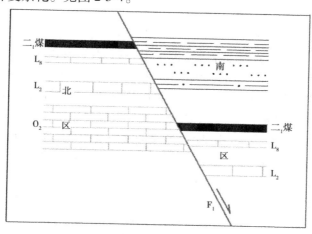

图2-5-4　F_1断层剖面示意图

(2)F_{102}、F_{103}、DF_{40}正断层:走向近南北,落差分别为0~120 m、22~95 m、0~145 m,均位于本井田西南部,为井田内落差仅次于F_1的较大断层,由于断层错动,缩短了二$_1$煤层与底板各岩溶含水层之间的距离,在落差大于130 m的区段,可使O_2灰岩强富水含水层与煤层对接,大大增加了矿井突水机遇,应引起足够重视。

（3）DF$_{04}$、DF$_{08}$、DF$_{64}$断层，均位于本井田北部，均为近南北走向正断层，落差分别为40～45 m、38～55 m、0～98 m，断层使上、下两盘岩层错动，降低了断层附近的岩石力学性质，且使下降盘煤层与上升盘太原组上段含水层对接，可使太原组灰岩水直接充入矿坑，因此，断层两侧要留设足够防水煤柱，防患于未然。

（4）DF$_{05}$正断层：走向北北东，落差20～60 m，该断层沿中清流向斜轴向北东方向延伸至井田外岳城水库。根据该断层附近32-3孔揭露地层情况，二$_1$煤层上覆基岩厚度大于1 200 m，新生界厚度230.05 m。煤层开采后采动冒落裂隙不会影响至地表，一般不会将地表水导入矿坑。但仍需说明的是，该断层由井田延伸至岳城水库，随矿井开采，在矿压、水压联合作用下，该断层可能由弱导水、弱富水性断层，转化为导水断层，在该断层附近应留设足够防水煤柱。并采取一定的防范措施，防患于未然。

鉴于此，在煤层开采过程中必须对这些大断层采取措施，最直接和最有效的手段就是留设充足的保护煤柱。断层保护煤柱留设的原则是煤层采动的导水裂隙带发育高度不进入断层破碎带，在此高度以上和相应的破碎带位置之间有一定的保护煤柱，此外还应该考虑煤柱屈服宽度及确定断层界面之间的误差。

根据《伦掌煤矿对岳城水库大坝和库区安全影响论证》报告，该报告中对伦掌煤矿DF$_{04}$、DF$_{08}$、DF$_{64}$断层和DF$_{05}$正断层保护煤岩柱留设尺寸进行了计算，DF$_{04}$、DF$_{08}$、DF$_{64}$断层和DF$_{05}$正断层需留设保护煤柱的尺寸分别为65 m、73 m、80.4 m和91 m。根据井田内勘探报告中钻孔数据的计算结果，伦掌煤矿二$_1$煤层上覆基岩柱高度最小为720.6 m，最大为820 m，完全满足规程要求，不会造成断层导水。

4. 开采过程中可能发生突水的地段预测

根据前述矿井水文地质条件及矿坑充水因素分析，未来矿井突水主要为以下几个地段：

（1）断层附近及向、背斜轴部。区内较大断层对矿井突水的影响前已较详叙述，据邻区矿井调查资料，矿坑突水有时却是由小断层引起的，有些引起矿井突水的断层断距小于5 m，由于这些断层断距小，开采过程中往往不能引起足够重视。在这些小断层及向斜、背斜轴部，裂隙一般较发育，富水性较好，往往是矿井突水的多发地段，要引起足够重视。

（2）煤层底板板沉积薄弱带。二$_1$煤层底板隔水层是阻隔底板岩溶裂隙水突入矿井的重要隔水层段，其岩性组合、沉积厚度直接影响其隔水能力，在其沉积薄弱带，宜引起底鼓突水。L$_8$灰岩底板沉积薄弱带主要分布在40勘探线以南及33线以北地段，其隔水层厚度一般小于35 m，在高水头压力下L$_8$灰岩水宜突破底板突入矿井。

另外，底板灰岩岩溶裂隙向深部有减弱规律，但愈向深部，水头压力愈大，引起底板突水的机遇也随之增大，应为该矿井突水的宜发地段。

5.2.2.5　矿床水文地质勘探类型划分

根据井田水文地质条件，结合邻近生产矿井的调查资料，该矿井为以二$_1$煤层底板L$_8$灰岩岩溶裂隙水进水为主的矿床，L$_8$灰岩富水性一般，经抽水试验，单位涌水量为0.001～0.009 L/（s·m），矿床水文地质条件属简单类型。但该矿井为超深开采。L$_8$灰岩水头压力达120 MPa，依据《煤、泥炭地质勘查规范》（DZ/T 0215—2002）有关规定，矿床水文地质勘查类型定为第三类第二亚类第二型，即矿床以底板岩溶水充水为主，水文地质条件中等的矿床。

5.2.3 周边矿坑排水量调查

与本井田相邻的生产矿井有白莲坡煤矿辛庄井、红岭煤矿及主焦煤矿,均为开采二$_1$煤层的浅部生产矿井。从以上三个生产矿井的生产实践看,水文地质条件均相对简单,受矿井突水威胁较小,简述如下。

(1)白莲坡煤矿辛庄井:位于本井田西北部,为与本井田相邻的浅部生产矿井。于1995年投产,已开采面积0.09 km^2,开采最低标高-150 m,矿井涌水量3~5 m^3/h,水源主要为主、副井筒新生界松散层渗水,建矿至今尚未发生顶、底板突水,水文地质条件简单。

(2)红岭煤矿:位于本井田西部,为与本井田相邻的浅部生产矿井。于1977年投产,已开采面积1.5 km^2,开采最低标高-350 m,全矿正常涌水量80 m^3/h,最大时约100 m^3/h,以顶板砂岩水为主,矿井两个采区顶板涌水量累计60~70 m^3/h,底板L$_8$灰岩水10~20 m^3/h。未发生过突水事故,仅在掘进中过F$_{B57}$断层时直接揭露L$_6$灰岩,突水30 m^3/h,三个月后疏干。

(3)主焦煤矿:位于本井田西部,为与本井田相邻的浅部生产矿井。于1998年投产,已开采面积0.15 km^2,开采最低标高-400 m,矿井正常涌水量100 m^3/h,全部为顶板砂岩水。分析认为因受断层影响,L$_8$灰岩水通过断层破碎带与二$_1$煤层顶板砂岩含水层发生水力联系,并通过顶板冒落裂隙充入矿井,因而矿井涌水量实际为有太原组上段岩溶裂隙水参与的与顶板砂岩水的混合水。因矿井涌水量较稳定,对矿井开采影响不大。

另外与本井田相邻的矿井还有大众煤矿,该矿前两年处于半停产状况,无法收集到系统、客观的矿井涌水量资料,因而不再叙述。

从以上矿井调查资料看,无论矿井是顶板砂岩充水,还是底板L$_8$灰岩充水,涌水量均较小,对矿井生产无突水威胁,其主要原因是以上矿井均位于煤田浅部,矿井突水主要水源为顶板砂岩水,而底板L$_8$灰岩沉积厚度较薄,一般为3 m左右,灰岩泥质含量高,岩溶裂隙发育程度差,且水头压力小,是底板L$_8$灰岩突水量较小的主要因素。继续向深部开采时,随着水压逐渐增大,在L$_8$灰岩岩溶裂隙发育区,或受断层影响L$_8$灰岩与下伏强富水含水层发生水力联系时,矿井底板突水将是未来开采时的最主要充水水源。

5.2.4 矿坑涌水量预测

5.2.4.1 先期开采地段涌水量预测

根据本井田水文地质条件,以横穿井田中部的F$_1$断层为界将井田划分为南、北两个水文地质分区,见图2-5-5。底板L$_8$灰岩水采用解析法,顶板砂岩水采用比拟法分别预测先期开采地段矿井涌水量。

1.顶板砂岩水

1)北区顶板砂岩水

邻近有较多生产矿井涌水量资料,紧邻井田的生产矿井有红岭煤矿与大众煤矿,见图2-5-2。红岭煤矿矿井涌水量资料系统、完整,而大众煤矿因前几年处于半停产状态,矿

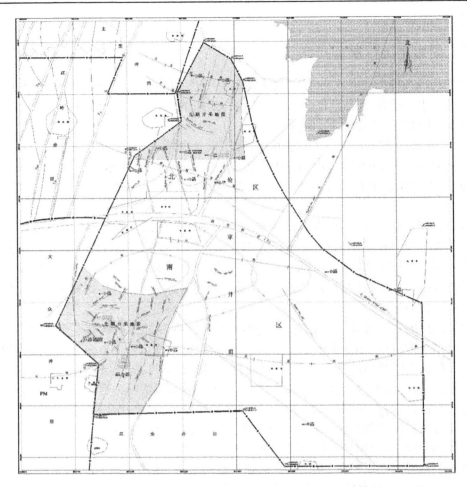

图 2-5-5　伦掌井田水文地质分区图

井涌水量资料不全,且采空区范围尚小,因此二₁煤层顶板砂岩涌水量采用与本井田邻近且水文地质条件类似的红岭矿涌水量资料进行比拟法预测。根据红岭煤矿井下涌水量调查资料,矿井二₁煤层顶板砂岩充水规律,除与采空区面积关系密切外,还与水位降低值(水头高度)有关,选取矿井涌水量计算公式如下:

$$Q = Q_0\sqrt{F/F_0} \cdot \sqrt{S/S_0}$$

式中:Q 为北区顶板砂岩涌水量,m^3/h;Q_0 为生产矿井顶板涌水量,70 m^3/h;F 为北区先期开采地段面积,2.57 km^2;F_0 为生产矿井采空区面积,1.5 km^2;S 为生产矿井顶板砂岩含水层水位降低值,377 m;S_0 为北区先期开采地段顶板砂岩含水层水位降低值,1 172.2 m。

代入公式:$Q = 161.57$ m^3/h。

2)南区顶板砂岩水

$$Q = Q_0\sqrt{F/F_0} \cdot \sqrt{S/S_0}$$

式中:Q 为南区顶板砂岩涌水量,m^3/h;Q_0 为生产矿井顶板涌水量,70 m^3/h;F 为南区先期开采地段开采面积,3.78 km^2;F_0 为生产矿井采空区面积,1.5 km^2;S 为生产矿井顶板砂岩含水层水位降低值,377 m;S_0 为南区先期开采地段顶板砂岩含水层水位降低值 1 132.2 m。

代入公式:$Q = 192.52$ m³/h。

2. 底板 L_8 灰岩水

1)北区先期开采地段底板 L_8 灰岩涌水量

采用 32 - 4 孔试验资料和承压水计算公式,利用"大井法"计算:

$$Q = 2.73KMS/(\lg R_0 - \lg r)$$

式中:Q 为先期开采地段底板涌水量,m³/h;K 为 32 - 4 孔试验参数,0.27 m/d;M 为区内 L_8 灰岩平均厚度,3.83 m;S 为当疏干降深至 -1 100 m 水平时水位降低值,1 125.28 m;R_0 为引用半径($R_0 = R + r$),6 751.82 m;R 为疏干降水影响半径,$R = 10S\sqrt{K}$,5 847.13 m;r 为"大井"半径($r = \sqrt{f/\pi}$),904.69 m;f 为先期开采地段面积,约 2.57 km²。

代入公式:$Q = 151.62$ m³/h。

2)南区先期开采地段底板 L_8 灰岩涌水量

F_1 断层落差 60 ~ 470 m,使南盘地层相对下降,北盘地层上升,南盘的二₁煤层或 L_8 灰岩与北盘的 O_2 灰岩对接,水文地质条件相对复杂化,采用单一直线供水边界的涌水量计算公式:

$$Q = 2.73KMS/(\lg 2R/r)$$

式中:Q 为先期开采地段底板涌水量,m³/h;K 为 40 - 5 孔试验参数,0.33 m/d;M 为区内 L_8 灰岩平均厚度,3.83 m;S 为南区先期开采地段最低开采水平 -1 000 m 时水位降低值 1 101.68 m;R 为疏干降水影响半径($R = 10S\sqrt{K}$)6 328.67 m;r 为"大井"半径($r = \sqrt{f/\pi}$)1 097.18 m;f 为先期开采地段面积,约 3.78 km²。

代入公式:$Q = 362.60$ m³/h。

井田先期开采地段矿井涌水量见表 2-5-2

表 2-5-2　先期开采地段矿井涌水量预测结果

（单位:m³/h）

预测分区	含水层	正常涌水量（取接近值）	最大涌水量	合计		先期开采地段总计	
				正常	最大	正常	最大
北区	顶板砂岩水	160	240	310	465	870	1 305
	底板 L_8 灰岩水	150	225				
南区	顶板砂岩水	200	300	560	840		
	底板 L_8 灰岩水	360	540				

5.2.4.2　涌水量预测评述

本论证选用比拟法预测伦掌井田北区顶板砂岩水正常涌水量 160 m³/h,南区顶板砂岩水正常涌水量 200 m³/h,采用地下水动力学稳定流"大井法"预测伦掌井田北区底板 L_8 灰岩水正常涌水量 150 m³/h,南区底板 L_8 灰岩水正常涌水量 360 m³/h。采用比拟法预测的顶板砂岩涌水量为与该矿井紧邻的红岭煤矿涌水量资料,红岭煤矿已有几十年的开采历史,资料系统完整,其水文地质条件与该矿相似,因此其比拟预测结果比较符合客观实际;用解析法预测的底板 L_8 灰岩涌水量,则采用了预测区段内钻孔抽水试验取得的水文地质参数,根据各分区(南区、北区)的水文地质条件,选用了不同的计算公式,对矿井底板涌水量进行了预测;根据邻近生产矿井调查资料,矿井最大涌水量比正常涌水量大 1.2~1.5 倍,故本次预测的矿井最大涌水量按正常涌水量 1.5 倍计算。

　　根据邻近矿区大众煤矿、红岭煤矿、河南华安煤业有限公司等矿井涌水量预测成果,这些矿井采用比拟法和解析法预测矿井疏干水涌水量的结果差异不大。同时,根据伦掌煤矿周边矿井排水量调查,周边矿井涌水量比较稳定,底板未曾发生过突水现象,因此伦掌煤矿采用解析法预测底板预测 L_8 灰岩涌水量接近实际,计算结果比较可靠。

5.2.5　矿坑水可供水量分析

　　预测伦掌煤矿投产后矿坑正常涌水量为 870 m³/h(20 880 m³/d),年涌水量 762.12 万 m³;最大涌水量为 1 305 m³/h(31 320 m³/d),年涌水量 1 143.18 万 m³,正常涌水量和最大涌水量是制订矿井防排水方案、确定排水能力及防水安全措施的技术依据。

　　伦掌矿井主排水系统采用一级排水,在副井井底车场附近建主排水泵房,将矿井涌水直接排到地面。排水管道和各排水设备均满足《煤矿安全规程》,能够保证煤矿正常取水量,且矿坑涌水首先供给煤矿生产、生活使用,没有供给第三方使用,故矿坑正常可供水量为 20 880 m³/d,年可供水量 762.12 万 m³(按 365 d 计)。

5.3　矿坑水水质分析

5.3.1　水质监测结果

　　本次工作收集到河南超越煤业股份有限公司伦掌煤矿矿区勘探孔 2005 年 3 月的 3 个水样水质监测成果,见表 2-5-3。

5.3.2　水质评价

5.3.2.1　生活饮用水水质评价

　　(1)评价标准。
　　按照《生活饮用水卫生标准》(GB 5749—2006)进行评价,详见表 2-5-4。
　　(2)评价结果。
　　由表 2-5-3 可知,伦掌煤矿矿井水所检测的指标有少部分不符合《生活饮用水卫生标准》(GB 5749—2006)。需要进一步处理达到生活饮用水卫生标准后方可用于生活用水。

表2-5-3　伦掌煤矿矿坑水水质检测结果

水样编号	含水层 时代岩性	日期(年-月-日) 采样/化验	温度(℃) 水温/气温	矿化度(g/L)/pH	总固体(mg/L)/游离CO_2(mg/L)	硬度(mg/L) 总/暂时	负/永久	酸度/碱度(mg/L)	$H_2S_2O_3$/耗氧量(mg/L)	有害物质(mg/L) 名称/含量
1	2	3	4	5	6	7	8	9	10	11
1	C_3L_8 灰岩	2005-03-13 / 2005-03-21	20 / 14	0.47 / 7.5	471.29 / 5.94	139.06 / 94.33	0.00 / 44.74	94.33 / 6.76	5.46 / 8.72	F / 1.28
	C_3L_2 灰岩	2005-09-18 / 2005-09-21	20 / 21	0.87 / 7.2	866.94 / 21.93	528.82 / 257.11	0.00 / 271.72	257.11 / 24.94	20.90 / 1.93	F / 2.36
2	O_2m 灰岩	2005-10-13 / 2005-10-17	23 / 17	0.85 / 7.2	872.56 / 21.71	518.46 / 222.98	0.00 / 295.49	222.98 / 24.69	34.32 / 2.21	F / 2.87

离子含量 (mg/L)

离子单位	阴离子						阳离子				
	Cl^-	SO_4^-	HCO_3^-	NO_3^-	NO_2^-	Σ	Ca^{++}	Mg^{++}	$K^+ + Na^+$	NH_4^+	Σ
12	13	14	15	16	17	18	19	20	21	22	23
mg/L	103.90	131.60	115.02	0.75	0.02	351.29	45.19	3.37	120.25	1.50	173.31
毫克当量/L	2.931	2.740	1.885	0.012		7.568	2.255	0.524	5.136	0.083	7.998
毫克当量量%	38.7	36.2	24.9	0.2		100.0	28.2	6.60	64.2	1.0	100.0
mg/L	90.61	331.79	313.52	1.58	<0.004	737.50	119.64	55.91	94.1	0.47	270.12
毫克当量/L	2.556	6.908	5.138	0.025		14.627	5.970	4.598	4.011	0.026	14.605
毫克当量量%	17.5	47.2	35.1	0.2		100.0	40.8	31.5	27.5	0.2	100.0
mg/L	72.74	365.41	271.91	0.52	<0.004	710.58	128.74	47.87	94.40	0.52	271.53
毫克当量/L	2.052	7.608	4.456	0.008		14.124	6.424	3.937	4.009	0.029	14.399
毫克当量量%	14.5	53.8	31.6	0.1		100.0	44.6	27.3	27.9	0.2	100.0

表 2-5-4　生活饮用水水质评价标准及评价结果

项目		水质标准	伦掌煤矿矿坑水
感官性状指标	色度	15 度,不呈其他色	合格
	浑浊度	小于 3 度	合格
	臭和味	不得有异臭、异味	合格
	肉眼可见物	不得含有	合格
化学性质	pH	6.5 ~ 8.5	合格
	总硬度(mg/L)	450	不合格
	硫酸盐(mg/L)	≤250	不合格
	氯化物(mg/L)	≤250	合格
	氨氮(mg/L)	≤0.2	不合格
	硝酸盐氮(以 N 计)(mg/L)	≤20	合格
	氟化物(mg/L)	≤1.0	不合格

5.3.2.2　工业用水水质评价

1. 锅炉用水水质评价标准

一般锅炉用水水质指标对成垢作用、起泡作用和腐蚀作用三方面分别进行计算和评价。成垢作用、起泡作用和腐蚀作用标准见表 2-5-5。

2. 锅炉用水水质评价分析

1)成垢作用

按锅垢总量(H_0)和硬垢系数(K_n)评价成垢作用。其计算公式为

$$H_0 = S + C + 72(Fe^{2+}) + 51(Al^{3+}) + 40(Mg^{2+}) + 118(Ca^{2+})$$

$$H_h = SiO_2 + 40Mg^{2+} + 68(Cl^- + 2SO_4^{2-} - Na^+ - K^+)$$

$$K_n = H_h / H_0$$

式中:H_0 为锅垢总含量,mg/L;H_h 为坚硬锅垢的含量,mg/L;S 为水中悬浮物的含量,mg/L;K_n 为硬垢系数;C 为水内胶体($SiO_2 + Fe_2O_3 + Al_2O_3$)的含量,mg/L;$SiO_2$ 为水中二氧化硅的含量,mg/L;Fe^{2+}、Al^{3+}、Mg^{2+}、Ca^{2+}、Cl^-、SO_4^{2-}、Na^+、K^+ 为离子浓度,mmol/L。

2)起泡作用

采用起泡系数(F)评价起泡作用。起泡系数计算公式为

$$F = 62Na^+ + 78K^+$$

式中:F 为起泡系数;Na^+、K^+ 为钠、钾离子的离子浓度,mmol/L。

3)腐蚀作用

采用腐蚀系数(K_k)评价腐蚀作用。腐蚀系数计算公式为

表 2-5-5　一般锅炉用水水质评价标准

项目		指标	标准
成垢作用	锅垢总量 （H_0） （mg/L）	< 125	锅垢很少的水
		125 ~ 250	锅垢少的水
		250 ~ 500	锅垢多的水
		> 500	锅垢很多的水
	硬垢系数 （K_n）	< 0.25	具有软沉淀物的水
		0.25 ~ 0.5	具有中等沉淀物的水
		> 0.5	具有硬沉淀物的水
起泡作用	起泡系数 （F）	< 60	不起泡的水
		60 ~ 200	半起泡的水
		> 200	起泡的水
腐蚀作用	腐蚀系数 （K_k）	> 0	腐蚀性水
		< 0，但 $K_k + 0.0503Ca^{2+} > 0$	半腐蚀性水
		< 0，但 $K_k + 0.0503Ca^{2+} < 0$	非腐蚀性水

酸性水：$K_k = 1.008((H^+) + 3(Al^{3+}) + 2(Fe^{2+}) + 2(Mg^{2+}) - 2(CO_3^{2-}) - (HCO_3^-))$；

碱性水：$K_k = 1.008((Mg^{2+}) - (HCO_3^-))$

式中：K_k 为腐蚀系数；H^+、Al^{3+}、Fe^{2+}、Mg^{2+} 等为各种离子的离子浓度，mmol/L。

3. 水质评价结果

经计算，伦掌煤矿矿坑水样 1（C_3L_3 灰岩）水质评价结果为：锅垢总量（H_0）为 148.985，为锅垢较少的水；锅垢系数（K_n）为 0.535，为软硬垢水；起泡系数（F）为 318.704，为起泡水；腐蚀系数 $K_k < 0$ 同时 $K_k + 0.0503Ca^{2+} < 0$，为非腐蚀性水。

水样 2（C_3L_2 灰岩）水质评价结果为：锅垢总量（H_0）为 465.09，为锅垢较多的水；锅垢系数（K_n）为 5.453，为硬垢水；起泡系数（F）为 248.906，为起泡水；腐蚀系数 $K_k < 0$ 同时 $K_k + 0.0503Ca^{2+}$ 为 0.056，为半腐蚀性水。

水样 2（O_2m 灰岩）水质评价结果为：锅垢总量（H_0）为 492.076，为锅垢较多的水；锅垢系数（K_n）为 5.651，为硬垢水；起泡系数（F）为 248.872，为起泡水；腐蚀系数 $K_k < 0$ 同时 $K_k + 0.0503Ca^{2+}$ 为 0.123，为半腐蚀性水。

一般锅炉用水分析计算结果见表 2-5-6。

表 2-5-6　一般锅炉用水分析计算结果

名称	成垢作用		起泡作用	腐蚀作用	
	锅垢总量 (H_0)	硬垢系数 (K_n)	起泡系数 (F)	腐蚀系数 (K_k)	$K_k +$ $0.050\ 3Ca^{2+}$
矿坑水样 1 （C_3L_8 灰岩）	148.985	0.535	318.704	−1.372	−1.145
矿坑水样 2 （C_3L_2 灰岩）	465.09	5.453	248.906	−0.544	0.056
矿坑水样 2 （O_2m 灰岩）	492.076	5.651	248.782	−0.523	0.123

综上所述，伦掌煤矿矿坑水的水质为锅垢较多、有硬沉淀、具有一定腐蚀性的起泡水。锅垢较多、有硬沉淀的水一般需做软化处理，即加入一定的除垢剂后再投入使用；起泡是水中的固溶物和悬浮物的浓缩导致的，使用消泡剂（如有机硅消泡剂），可以使水在高浓度倍数运行条件下，达到预防蒸汽携带物对食品和衣物的污染。

根据以上生活饮用水和工业用水水质评价结果，总体认为将矿坑排水进一步处理后作为生产和生活用水水源是能够满足要求的。

5.4　取水可靠性与可行性分析

5.4.1　取水口合理性分析

根据可研报告提出的总平面布置，该煤矿的矿坑水排水口、矿坑水处理设施、地面生产和生活废污水处理设施均位于工业广场内。因此，该矿井生产利用自身煤矿的矿坑排水，取水口合理可行。

5.4.2　矿井水取水可靠性与可行性分析

伦掌煤矿合计正常涌水量 20 880 m³/d，年涌水量 762.12 万 m³。核定后矿井正常生产和生活取水量约为 2 075.81 m³/d，年取水量 69.76 万 m³，仅占矿井正常涌水量的 9.94%。因此，取用矿井疏干水作为矿井生产、生活用水，其水量是可靠的。

排水管选用 ϕ 377 mm 无缝钢管 4 趟，3 趟工作，1 趟备用，沿副井井筒敷设，以套管焊接连接为主，局部采用法兰连接。由于井筒较深，分段选取排水管壁厚：泵房、管子道及井筒下部 200 m，ϕ 377 mm × 26 mm；井筒中下部 300 m，ϕ 377 mm × 22 mm；井筒中上部 300 m，ϕ 377 mm × 18 mm；井筒上部 200 m 及地面，ϕ 377 mm × 12 mm；吸水管选用 ϕ 377 mm × 8 mm 无缝钢管。

考虑到该矿井井筒深、涌水量大，为增大矿井的排水能力，设计在副井井筒中再安装一趟 ϕ 377 mm 排水管路，即共安装 5 趟 ϕ 377 mm 无缝钢管。为降低水锤冲击压力，井筒内增设一组止回阀。正常涌水期 3 泵 3 管工作,排水能力 1 350 m³/h,日工作 15.47 h;最大涌水期 4 泵 4 管工作,排水能力 1 800 m³/h,日工作 17.40 h,均满足《煤矿安全规程》的要求。

　　矿井水作为特殊形式的地下水,受开采过程中煤尘污染,悬浮物和 COD 含量较高,经过沉淀、过滤及消毒处理后,水质完全可以满足矿区工业和生活用水。矿井水经处理后回用于井下生产用水、洗煤补充水及风井场地灌浆用水,符合国家和河南省保护水资源,充分利用矿坑水的有关要求;且矿坑水经井下水处理站沉淀、过滤等一系列处理措施后,能够满足井下消防、洒水及洗煤用水、农灌用水等水质要求。考虑到矿坑排水的不稳定性,建议修建一定容量的矿坑排水调节池。因此,取用矿坑水作为矿井及选煤厂生产用水水源是可靠的、可行的。

5.4.3　取用水风险分析及应对措施

　　根据矿井勘探报告,本矿井正常涌水量为 762.12 万 m³/a(870 m³/h, 20 880 m³/d)。核定后矿井生产、生活取水量约为 69.76 万 m³/a(2 075.81 m³/d),占矿井正常涌水量的 9.94%,由于矿坑排水首先用于煤矿的日常生产、生活,因此其水量完全可以满足日常生产、生活的需求。

　　由于开采过程中受煤尘污染,矿坑排水中悬浮物和 COD 可能会超标,如果用于生产、生活,则必须经沉淀、过滤和高密度迷宫斜板净水器处理,以及净化消毒处理,处理后的矿井排水水质完全可以满足要求。

　　因此,本项目用水的风险性很小。

6　取水的影响分析

6.1　煤炭开采对地下水环境的影响分析

6.1.1　采煤沉陷"导水裂隙带"高度预测

煤层采出后,采空区周围的岩层发生位移、变形乃至破坏,上覆岩层根据变形和破坏的程度不同分冒落带、裂缝带和弯曲带三带,其中裂缝带又分为连通和非连通两部分,通常将冒落带和裂缝带的连通部分称为导水裂隙带。采煤沉陷主要就是通过所形成的导水裂隙带影响地下含水层之间的水力联系,进而对其水量、水位产生影响。根据伦掌井田勘探报告,依据《建筑物、水体、铁路及主要井巷煤柱留设与压煤开采规程》,煤层开采所形成的导水裂隙带高度可通过表 2-6-1 中的公式对应计算。

表 2-6-1　缓倾斜煤层和倾斜煤层开采时导水裂隙带高度计算　　　　（单位:m）

覆岩岩性	经验公式之一	经验公式之二
坚硬	$H_{li} = \dfrac{100 \sum M}{1.2 \sum M + 2.0} \pm 8.9$	$H_{li} = 30\sqrt{\sum M} + 10$
中硬	$H_{li} = \dfrac{100 \sum M}{1.6 \sum M + 3.6} \pm 5.6$	$H_{li} = 20\sqrt{\sum M} + 10$
软弱	$H_{li} = \dfrac{100 \sum M}{3.1 \sum M + 5.0} \pm 4.0$	$H_{li} = 10\sqrt{\sum M} + 5$
极软弱	$H_{li} = \dfrac{100 \sum M}{5.0 \sum M + 8.0} \pm 3.0$	

注:M 为采厚。

伦掌矿井可采煤层为二$_1$煤层,全区可采,煤层厚度为 2.78 ~ 8.40 m,平均厚度 5.75 m。根据矿井开拓设计方案,伦掌井田初期仅开采井田西北和西南的区域(见图 2-5-2),二$_1$煤层为中厚煤层,上覆岩性为中硬岩层,评价选用表 2-6-1 中的相应公式,对井田内勘探二$_1$煤层的 14 个钻孔分别计算了导水裂隙带高度。14 个钻孔的计算结果见表 2-6-2。

表2-6-2　各钻孔煤层导水裂隙带高度及相关数据

钻孔号	煤层号	采厚(m)	导水裂隙带(m)	导通层位
9 – 7	二$_1$	6.68	52.35	P$_1$sh
30 – 1	二$_1$	6.24	51.54	P$_1$sh
30 – 2	二$_1$	6.13	51.32	P$_1$sh
30 – 3	二$_1$	6.67	52.33	P$_1$sh
40 – 5	二$_1$	3.49	43.6	P$_1$sh
40 – 1	二$_1$	7.76	54.04	P$_1$sh
40 – 6	二$_1$	6.59	52.19	P$_1$sh
40 – 2	二$_1$	8.62	55.16	P$_1$sh
40 – 3	二$_1$	5.38	49.67	P$_1$sh
40 – 4	二$_1$	4.12	46.02	P$_1$sh
40 – 7	二$_1$	5.35	49.6	P$_1$sh
40 – 8	二$_1$	7.1	53.06	P$_1$sh
41 – 1	二$_1$	6.9	52.73	P$_1$sh
41 – 2	二$_1$	8.23	54.68	P$_1$sh

由表2-6-2可以看出,全井田范围内,二$_1$煤层导水裂隙带发育高度最低43.6 m,最高55.16 m。

6.1.2　煤炭开采对地下含水层的影响分析

6.1.2.1　煤层开采对新生界冲洪积层孔隙含水组的影响

该含水岩组上部为潜水含水层,水位埋深1~20 m;垂深50 m以下,一般为孔隙承压水,区内机(民)井水位埋深20~130 m,一般60~80 m,单井涌水量25~120 m³/h,一般为50~80 m³/h,均为当地居民生活饮用水水源。

由于二$_1$煤层埋藏较深,其导水裂隙带最大高度55.16 m,仅达到上覆的山西组P$_1$sh岩组。同时,二$_1$煤层上覆三叠系、二叠系中、上段隔水层,包括三叠系刘家沟组、和尚沟组;二叠系上、下石盒子组和石千峰组,由泥岩、砂质泥岩、砂岩等碎屑岩组成,总厚545.24~1 434.95 m,具有良好的隔水作用,不会连通新生界冲洪积层孔隙含水组,因此,二$_1$煤层的开采,不会破坏新生界冲洪积层孔隙含水组。

6.1.2.2　煤层开采对二$_1$煤层顶板碎屑岩类砂岩裂隙含水层的影响

二$_1$煤层顶板碎屑岩类砂岩裂隙含水层为二$_1$煤层顶板含水层,该含水层在二$_1$煤层顶板以上60 m范围内,由2~8层中、粗粒砂岩及细粒砂岩组成,一般2~3层间夹泥岩及砂质泥岩,含水层累厚8.06~45.47 m,平均厚23.17 m,以香炭砂岩和大占砂岩为主,含裂隙承压水。由于二$_1$煤层导水裂隙带最大高度为55.16 m,因此,理论上来说开采二$_1$煤层不会波及该含水层,但由于伦掌井田断层较多,存在多处地层倾斜,使得导水裂隙带导通二叠系下统山西组二₁煤层顶板碎屑岩类砂岩裂隙含水层,随着矿井的开采,有可能会使其水量疏干。由于顶板砂岩裂隙含水层不是供水意义的含水层,因此对当地生产、生活产生影响较轻。矿井在生产中应加强对地下水文情况的长期动态观察,发现问题应及时采取措施并加以解决。

6.1.2.3　煤层开采对太原组上段灰岩岩溶裂隙含水层的影响

该含水层为二₁煤层底板直接充水含水层,由 L_8 灰岩及中粗粒砂岩组成,其中以 L_8 灰岩为主。该层普遍发育,据井田内揭露该段的钻孔统计, L_8 厚 3.02～4.75 m,平均厚 3.83 m,岩溶裂隙不发育,补给条件不良,一般不会对二₁煤矿坑造成突水事故。该层与二₁煤底板间有平均间距 34.27 m 的二₁煤底板隔水层,但由于小于导水裂隙带高度,因此,有可能会被导通,该层位的水量将被疏干。矿井在生产中应加强对地下水文情况的长期动态观察,发现问题应及时采取措施并加以解决。

6.1.2.4　煤层开采对太原组下段灰岩岩溶裂隙含水层的影响

该含水层富水性好但不均一,它是开采二₁煤层底板间接充水含水层,由 2～4 层薄—中厚层状灰岩,间夹泥岩、砂质泥岩及砂岩组成,其中 L_2 灰岩发育较好,沉积稳定。和二₁煤间隔 75 m 以上,且之间存在 43.90 m 厚的太原组中段砂泥岩隔水层,太原组中段砂泥岩隔水层岩性变化大,各类岩石硅质成分较高,厚度稳定,透水性差,隔水性能良好,同样因为太原组中段砂泥岩隔水层的存在,太原组上段灰岩岩溶裂隙含水层和太原组下段灰岩岩溶裂隙含水层之间补给关系和水力联系不紧密,因此,二₁煤层的开采,一般情况下不会导通该含水层,使其水量疏干。

6.1.2.5　煤层开采对奥陶系灰岩岩溶裂隙含水层的影响

该层广泛出露于西部山区,其层位稳定,岩溶裂隙发育,有利于大气降水及地表水的补给,因而富水性强,但不均一,为该区重要含水层。该含水层沉积厚度大,出露和补给条件好,富水性强而不均,具有比较一致的地下水位,距二₁煤层 134.06～151.99 m,且中间有平均厚 18.89 m 的本溪组铝土质泥岩隔水层相隔,正常情况下不会对开采二₁煤层形成威胁,但在断层的影响下,可与其他含水层产生水力联系,成为底板充入二₁煤矿坑间接充水含水层。设计已预留了保护煤柱,一般情况下不会发生突水事故,建议煤矿在开采时做好岩移观测,严防突水事故的发生。

6.1.3　煤矿开采对地下水的影响范围

煤田开采必须疏干煤层顶板含水层,故而会形成一个地下水降落漏斗,地下水降落漏斗的边界以内即为开采影响范围。

伦掌煤矿疏干开采地下水影响范围采用"大井法"估算,计算公式如下:

大井半径 r_w : $r_w = \sqrt{F/\pi}$;

影响半径 R : $R = r_w + 10S_w\sqrt{K}$;

影响面积 F_c : $F_c = \pi R^2$ 。

式中: F_c 为井田勘探区面积,9.38 km²; S_w 为井田开采平均水位降低深度,约为 1 100 m; K 为含水层平均渗透系数,煤层顶板砂岩约为 0.007 2 m/d,底板灰岩约为 0.195 m/d。

根据上述方法计算结果为:井田开采中心水位降深约 1 100 m,顶板砂岩水影响面积为 22.27 km²,影响半径为 2.66 km;底板灰岩水影响面积为 136.36 km²,影响半径为 6.59 km,即井田边界外扩 3.26 km。

6.1.4　煤层开采对珍珠泉岩溶地下水的影响

珍珠泉在河南省安阳县城西 20 km 的水冶镇西,是水冶镇重要的供水水源,主要由马蹄泉、拔剑泉、卧龙泉等 8 泉组成,水面面积为 1 300 m²,珍珠泉平均水深 2 m,现状泉水涌水量为 2.2 m³/s,珍珠泉景区已开辟为珍珠泉公园。

根据 1988 年 10 月河南省安阳市计划节约用水办公室、河南省地质矿产局水文地质一队提交的《河南省安—林地区岩溶水资源评价报告》资料,珍珠泉域系统面积为 299.2 km²。

对照《中华人民共和国河南省水文地质图(1:50 万)》(河南省地质矿产勘查开发局,2001 年),伦掌井田位于珍珠泉域东北最近距离约 4.8 km,见图 2-6-1。

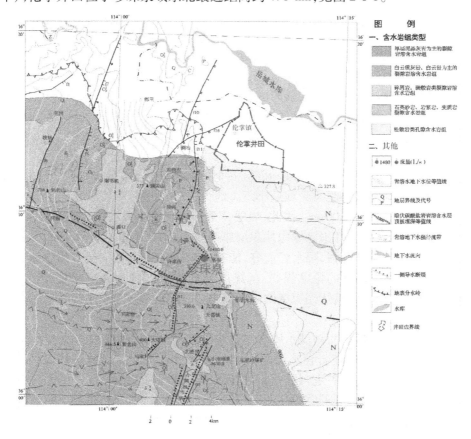

图 2-6-1　伦掌井田与珍珠泉位置

根据煤矿开采对地下水影响范围的预测,底板灰岩水影响面积为 136.36 km²,影响半径为 6.59 km,即井田边界外扩 3.26 km,而伦掌煤矿西南角距离珍珠泉域最近距离约 4.8 km。而且伦掌煤矿矿井涌水除少量自用外,大部分均经过处理后回用于附近村庄的农业灌溉,可减少农业灌溉对泉域附近地下水开采量。因此,伦掌煤矿采煤对珍珠泉岩溶地下水的实际影响轻微。

为确保安全,建议矿方做详细的水文地质勘察工作,做好防水煤柱安全工作,确保煤矿开采不对珍珠泉造成影响。

6.2　对水库的影响分析

6.2.1　对红旗水库的影响分析

红旗水库位于井田南部,最大库容量为 126 万 m^3,主要用于浇灌农田,旱季几近干枯。

该水库位于井田 11 和 13 采区间的 DF_0 断层保护煤柱内,煤矿专门留设了保护煤柱。因此,水库不会受到煤矿开采的沉陷影响。

红旗水库蓄水主要依靠降水蓄水,和新生界含水层存在渗透补给关系;伦掌煤矿二₁ 煤层距新生界含水层较远,为 797.48 ~ 1 538.65 m,远大于导水裂隙带发育高度,导水裂隙带不会与新生界含水岩组及地表水体发生水力联系。所以,矿井开采后形成的导水裂隙带不会影响红旗水库。

为确保安全,建议业主单位加强矿区开采过程中地表沉陷变化的巡视和监测,采取有效的开采保护措施,将引发地面沉陷的可能性降到最低。

6.2.2　对岳城水库的影响分析

根据《伦掌煤矿对岳城水库大坝和库区安全影响论证报告》计算结果,伦掌井田首采区开采后,引起的沉陷边界距离大坝最小距离约为 3 500 m;全采区开采后,沉陷边界距离大坝最小安全距离约为 2 300 m。因此,煤层开采不会影响岳城水库大坝的安全。

岳城水库库区及伦掌井田区域内冲积层厚度较大,地层由厚层状黏土和砂、砾石层交替沉积组成,黏性土可塑性强,隔水性能好,能有效阻隔地表水和下伏基岩含水层之间的水力联系。根据公式计算的伦掌煤矿二₁ 煤层导水裂隙带发育高度最低 43.6 m,最高 55.16 m,导水裂隙带高度仅达到上覆的山西组 P_1sh 岩组,不会与新生界含水岩组及地表水体发生水力联系。

伦掌井田在开采过程中,岳城水库水体只与松散覆盖层之间有微弱的水力联系,而松散层和基岩之间以及各个基岩含水层之间均没有水力联系。留设的防护煤柱尺寸符合《建筑物、水体、铁路及主要井巷煤柱留设与压煤开采规程》的要求。

岳城水库水体与煤矿开采后的井下工作涌水之间无水力联系,岳城水库库区水体不会向伦掌井田内发生垂直渗透。

伦掌井田为深部矿井,煤层开挖后导水裂隙带高度小于 70 m,不会穿透上覆基岩与新生界连通。由于岳城水库底部为二叠系砂、泥质岩层,新生界古近系、新近系砾岩和黏土层含水层,与开采煤层之间的隔水层距离大于 700 m,因此煤层开采不会与岳城水库导通,不会影响岳城水库的水环境。

　　建议矿方开采中应严格按照环境影响评价部门、水利部等相关部门提出的意见采取保护措施以确保水库的安全。

6.3　对地表水的影响分析

　　本井田属海河流域卫河水系,井田北部有申家河汇入岳城水库,该河流为季节性河流。另外,跃进渠东干渠从井田内自西向东穿过。

　　通过计算,二$_1$煤层导水裂隙带发育高度最低43.6 m,最高55.16 m,根据井田内钻孔数据的计算结果,导水裂隙带发育高度距离二$_1$煤层上覆基岩顶部距离为797.48 ~ 1 538.65 m。由于隔水层厚度大,煤层开采不会导通浅层地下水,亦不会导通各地表水体。

6.3.1　对申家河的影响

　　井田内季节性河流仅有申家河。煤层开采后,在李家村和伦掌村附近,由于留设了村庄保护煤柱,因此申家河在流经两村庄区域时汇流条件不会受到影响。在河流的下游,煤层开采可能会造成地表的沉陷。由于开采时间长,沉陷过程较缓慢,会逐渐改变原有汇流条件,但由于开采煤层厚度均一,由于伦掌煤矿仅开采二$_1$煤层,开采煤层较为平缓沉陷,申家河的水力坡降在沉陷后将由0.008 8变为0.009 3,变化不大,因此煤矿开采对申家河影响不大。

　　为确保安全,建议矿方实时监测申家河范围内的地面变形情况,采取有效的开采保护措施,将引发地面沉陷的可能性降到最低。

6.3.2　对跃进渠东干渠的影响

　　煤矿开采可能引起地面沉陷。东干渠为人工修建的构筑物,该渠横跨了数个断层,位于多个断层保护煤柱之上,但由于矿井开采深度较深,因此沉陷波及地表的范围较大,断层保护煤柱并不能保护东干渠不受沉陷影响。煤矿设计并未对该渠留设专门的保护煤柱。根据环境影响评价报告中地表沉陷的预测结果,东干渠最大沉陷深度3.2 m,沉陷后东干渠东西高差在30 m以上,煤矿开采不会影响东干渠水流流向,但有可能会因沉陷出现局部渠体裂缝或损坏。环境影响评价报告已提出了对该渠的保护措施,并征得了跃进渠管理局的意见。建议矿方严格按照环境影响评价报告提出的保护措施及跃进渠管理局的意见对跃进渠东干渠实时监测并及时解决出现的问题。

6.4　对第三者取用水的影响

　　经调查,矿区内没有其他工业企业用水户,矿区内人畜饮用水源为新生界冲洪积层孔隙含水组,属浅层地下水,距离二$_1$煤距离较远(797.48 ~ 1 538.65 m),井田内外的民用水井调查情况见表2-6-3。

表 2-6-3　井田内外民用水井调查情况

编号	位置	水位深度(m)	井深(m)	取水方法	动态及用途	备注
1	谷驼村	80	120	水泵	季节性变化不明显,饮用	Q + N
2	伦掌村	60	73	水泵	季节性变化不明显,饮用	Q + N
3	当中岗	80	150	水泵	季节性变化不明显,饮用	Q + N
4	北孟村	84.1	80	水泵	季节性变化不明显,饮用	Q + N
5	南孟村	81.12	200	水泵	季节性变化不明显,饮用	Q + N
6	南崖村	90.7	80	水泵	季节性变化不明显,饮用	Q + N
7	东柏涧	81.6	107	水泵	季节性变化不明显,饮用	Q + N
8	杜家岗	82.3	80	水泵	季节性变化不明显,饮用	Q + N
9	西柏涧	87.8	133	水泵	季节性变化不明显,饮用	Q + N
10	李家村	65	118	水泵	季节性变化不明显,饮用	Q + N

潜水含水层主要分布于伦掌村以东、孙家岗以东和众乐村以南的沟谷,呈条带状零星分布。井田其余地区,主要为承压含水层。

由于二₁煤层埋藏较深,其导水裂隙带最大高度 55.16 m,仅达到上覆的山西组岩组。同时,二₁煤层上覆三叠系、二叠系中、上段隔水层,包括三叠系刘家沟组、和尚沟组;二叠系上、下石盒子组和石千峰组,由泥岩、砂质泥岩、砂岩等碎屑岩组成,总厚 545.24 ～ 1 434.95 m,具有良好的隔水作用,不会连通新生界冲洪积层孔隙含水组。从煤矿开采后对上覆岩层的破坏产生的导水裂隙带分析,煤炭的开采不会影响浅层地下水,造成水位的下降。

但由于导水断裂带的存在,随着煤矿的开采,可能造成地面整体塌陷,使得地表水深入地下或矿坑,从而影响周围村庄的人畜饮用水安全。因此,矿方应制订具体应对方案以及时解决出现的农村人畜饮用水问题。

7　退水的影响分析

7.1　废污水的组成

本项目退水包括施工期退水及生产运营期退水,主要影响是运营期。本项目废水包括矿井排水、选煤厂废水和生活污水。矿井排水主要受井下开采过程中散发的岩粉和煤粉的影响,导致 COD 和 SS 增高,但排水中的主要污染物为悬浮物。选煤厂废水主要是煤泥水,煤泥水处理系统实行一级完全闭路循环,不外排。工业场地生活废污水主要来源于食堂、浴室、办公楼等,经过处理后全部回用于洗煤厂用水和绿化及贮煤场洒水,不外排。

7.2　退水总量及主要污染物排放浓度

伦掌煤矿项目工程退水主要包括矿井排水和工业场地生产、生活污水以及选煤厂废水。

7.2.1　矿井排水

伦掌煤矿矿井排水正常涌水量为 762.12 万 m³/a(870 m³/h,20 880 m³/d),经斜管沉淀池处理、井下水处理站混凝、沉淀、过滤处理达标后,其中约有 45.57 万 m³/a(1 248.49 m³/d)水量在处理过程中被损耗掉,69.76 万 m³/a(2 075.81 m³/d)用于生产和生活用水后,其余矿井处理水约 646.79 万 m³/a(17 720.21 m³/d)达标外排进入跃进渠东干渠五里涧上游段,全部由安阳县跃进渠灌区管理局调度分配,不外排进入河道水体。设计矿井排水综合利用率达到 100%。

经斜管沉淀池处理后的外排矿井水水质为 COD:20 mg/L、SS:20 mg/L,能够达到《煤炭工业污染物排放标准》(GB 20426—2006)中新(扩、改)建生产线标准的要求及《污水综合排放标准》(GB 8978—1996)一级标准要求(SS≤70 mg/L,COD≤100 mg/L)。同时满足《农田灌溉水质标准》(GB 5084—2005)旱作类水质要求(SS≤100 mg/L,COD≤200 mg/L)。主要污染物排放浓度见表 2-7-1。

表 2-7-1　伦掌煤矿外排水主要污染物排放浓度

污染源排放情况	排水量（m³/d）	污染物（mg/L）		
		SS	COD	BOD₅
处理后矿井排水	17 720.21	20	20	—

7.2.2　工业场地生活污水

工业场地生活污水主要来源于工业场地生活污水,其污水产生量为 11.19 万 m³/a (306.71 m³/d),经过一体化生活污水处理设施处理后污水排放量为 9.11 万 m³/a (276.11 m³/d),处理后的生活污水达到《污水综合排放标准》(GB 8978—1996)二级标准要求(SS≤150 mg/L,COD≤150 mg/L)。全部回用于选煤厂补水和绿化及贮煤场洒水。生活污水处理后主要污染物排放浓度见图 2-7-2。

表 2-7-2　伦掌煤矿生活污水处理后主要污染物排放浓度

污染源排放情况	排放量 (m³/d)	污染物(mg/L)		
		SS	COD	BOD₅
处理后生活污水	276.11	24	31.4	—

7.2.3　选煤厂废水

选煤厂的废水主要是煤泥水,煤泥水处理系统实行完全闭路循环,不外排,采用浓缩机进行浓缩。浓缩机底流进入压滤机回收煤泥,压滤机滤液与浓缩机溢水一并进入循环水箱作为重介洗煤用水,回收的煤泥掺入末煤出售。

7.3　退水处理方案和达标情况

伦掌煤矿矿区生活污水经污水管道收集后,进入生活污水处理站,经一体化污水处理设备处理达标后回用。井下矿井排水进入矿井水处理站,经斜管沉淀池处理后,部分供地面工业场地生活、生产、消防及井下消防洒水用水,多余部分经处理达标后排入跃进渠东干渠五里涧上游段,全部由安阳县跃进渠灌区管理局调度分配。矿井污废水来源主要为工业场地生活污水和井下矿井排水。

7.3.1　矿井水退水处理方案和达标情况

7.3.1.1　矿井水退水处理方案

伦掌煤矿矿井排水正常涌水量为 762.12 万 m³/a(870 m³/h,20 880 m³/d),最大涌水量 1 143.18 万 m³/a(1 305 m³/h,31 320 m³/d)。矿井井下排水主要污染物为 SS,还有少量 COD、BOD、油类等,经井下水处理站混凝、沉淀、过滤处理后,其中约有 45.57 万 m³/a (1 248.49 m³/d)水量在处理过程中被损耗掉,69.76 万 m³/a(20 75.81 m³/d)用于生产和生活用水,剩余 646.79 万 m³/a(17 720.21 m³/d)经处理达到《煤炭工业污染物排放标准》(GB 20426—2006)中新(扩、改)建生产线标准的要求以及国家污水一级排放标准水质要求后通过管道排入跃进渠东干渠五里涧上游段。矿井排水处理的主要工艺流程见图 2-7-1。

7.3.1.2　矿坑水退水处理达标情况

矿井水是在生产中受到煤粉、岩屑及井下机械的污染,其水质特点是 SS 含量较高,易处理且处理后水质较好,其他成分与地下水质接近。通过类比毗邻生产矿井红岭煤矿,依据《安阳鑫龙煤业(集团)红岭煤业有限责任公司红岭煤矿工程竣工环境保护验收调查报

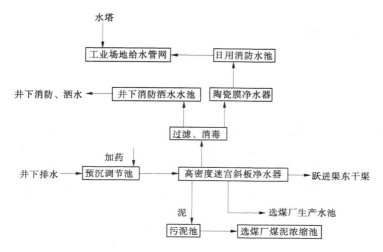

图 2-7-1　煤矿矿井排水处理流程

告》(煤炭工业部郑州设计研究院,2007 年 8 月),类比矿井水主要污染物浓度为 COD:
134 mg/L、SS:163 mg/L, 根据本项目矿井水处理站的处理工艺,处理后矿井水出水水质
SS、COD 浓度值均为 20 mg/L,见表 2-7-1。

矿井水经处理后能够达到《煤炭工业污染物排放标准》(GB 20426—2006)中新(扩、
改)建生产线标准的要求和《污水综合排放标准》(GB 8978—1996)中一级标准,也能满足
《农田灌溉水质标准》(GB 5084—2005)旱作类水质要求(SS≤100 mg/L,COD≤200 mg/
L)。矿井水综合利用后的多余排水通过管道排至跃进渠东干渠五里涧上游段,全部由安
阳县跃进渠灌区管理局调度分配,因此项目排水处理方案满足矿井水回用处理的要求和
排放的要求。

7.3.2　生活污水处理方案和达标情况

工业场地地面的主要污水来源为粪便污水、洗衣污水、洗澡污水等。其污水产生量为
11.19 万 m³/a(306.71 m³/d),经过格栅调节池后进入二级生化反应池进行处理,出水通
过纤维球过滤器和活性炭过滤器过滤后出水。经过地埋式一体化生活污水处理设施处理
后污水排放量为 9.11 万 m³/a(276.11 m³/d),处理后的生活污水达到《污水综合排放标
准》(GB 8978—1996)二级标准要求(SS≤150 mg/L,COD≤150 mg/L)(见表 2-7-2)。生
活污水处理达标后全部回用于选煤厂补水和绿化及贮煤场洒水。

生活污水处理及排水系统见图 2-7-2。

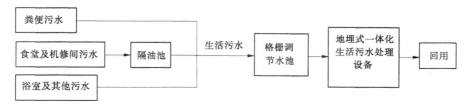

图 2-7-2　生活污水处理及排水系统

7.4 矿井排水设计方案

7.4.1 基本情况

工业场地排水分矿井排水和雨水排放。伦掌煤矿对外设有一个矿井排水出水口,排放矿井排水;雨水则由工业场地内雨水沟汇集后排入工业场地南部冲沟。

矿井排水出水口拟设在工业场地西南约 2 km 的跃进渠东干渠五里洞上游段。排放方式设计为连续排放,排水量主要随煤矿矿井的涌水情况而发生变化。煤矿矿井排水大部分由井下中央泵房 MD42 - 96 × 12 的水泵抽水,并通过内径为 377 mm 的水管由副井筒排到地面矿井排水沉淀池,经处理后通过约 2 km 的管道向西南排入跃进渠东干渠五里洞上游段,由安阳县跃进渠灌区管理局调度分配,不外排进入河道水体。

7.4.2 退水区域

根据河南超越煤业股份有限公司向安阳县跃进渠灌区管理局提出将伦掌煤矿矿井水排入跃进渠东干渠及何坟、水浴、小坟等水库的请示,以及安阳县跃进渠灌区管理局的批复文件,本矿井退水区域为跃进渠东干渠及其配套水库,矿井排水口拟设在跃进渠东干渠五里洞上游段(详见图 2-7-3)。

安阳县跃进渠是 20 世纪 70 年代安阳县委、县政府为改变安阳县西部山区干旱缺水的历史而兴建的一项大型水利工程。跃进渠主要功能为灌溉用水,现属全国大型灌区之一。

安阳县跃进渠主体工程有总干渠、南干渠、东干渠,全长 147 km;支渠 36 条长 258 km。干渠隧洞 149 个,全长 37.6 km;桥、闸、渡槽等建筑物 681 座,其中大型渡槽 17 座。共计完成工程量 1 008 万 m³,投工 3 818 万个,完成投资 5 800 万元。灌区建有配套支、斗渠 252 条,全长 470 km。蓄水库塘 378 座,总蓄水能力 4 600 万 m²,兴利库容 2 763 万 m³。灌区控制面积 544 km²,设计灌溉面积 30.5 万亩。灌区涉及安阳县西部 11 个乡(镇)和外省县 19 个村。

跃进渠上游引水通过总干渠在分水闸处由跃进渠灌区管理局统一调配,根据支渠控制灌溉农田面积及实际情况,分别向东干渠和南干渠引水。

总干渠设计流量 15 m³/s,设计灌溉面积 30.5 万亩。渠首在林县(现为林州市)任村公社(现为任村镇)古城村西猴头山下,引浊漳水经林县古城、小王庄和河北省涉县槐丰村进入安阳县。至安阳县都里乡李珍村西分水闸,长 40 km。其中,过隧洞 65 个,长 16.8 km,渡槽 5 座,长 0.5 km,渠道为矩形断面浆砌石结构,底宽 6 m,渠墙高 3.5 m,纵坡 1/8 000,最大输水能力 18 m³/s。

南干渠从李珍村分水闸向南经铜冶、磊口、许家沟、马家等乡(镇),长 72 km。其中,过隧洞 80 个,长 19.1 km,渡槽 8 座,长 1.7 km。明渠(浆砌石护砌)51.2 km,底宽 2.2 ~ 5 m,渠墙高 2.2 ~ 3.1 m,纵坡 1/8 000,设计流量 4 ~ 10 m³/s。设计灌溉面积 12.5 万亩。南干渠配套水库主要为小(1)型水库 3 座,总库容 559 万 m³,兴利库容 219 万 m³。

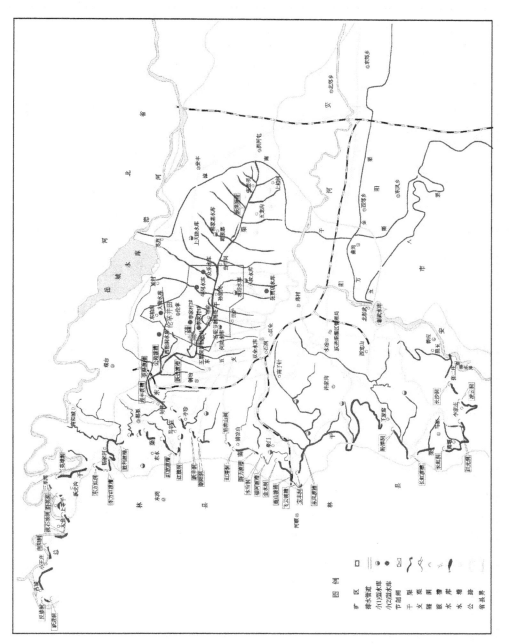

图 2-7-3　伦掌井田矿井排水示意图

东干渠从李珍村分水闸沿北岭向东经都里、铜冶、伦掌、安丰、蒋村、洪河屯 6 个乡（镇），长 35 km。其中，过隧洞 4 个，长 1.7 km，渡槽 4 座，长 0.62 km，明渠（浆砌石护砌）32.6 km，渠底宽 2 ~ 5 m，渠墙高 2.5 ~ 3 m，纵坡 1/4 000，设计流量 6 ~ 10 m^3/s，效益面积 18 万亩。

跃进渠灌区水资源主要是引、蓄利用漳河水用于农田灌溉。跃进渠建成初期，水源比较充足，引水正常，20 世纪 70 ~ 80 年代间，年引水量 1 亿 ~ 1.67 亿 m^3，发挥了良好的效益，灌区内 11 个乡（镇）除善应、水冶 2 个乡（镇）不能灌溉外，其他都里、铜冶、伦掌、蒋村、安丰、洪河屯、磊口、许家沟、马家等 9 个乡（镇）都能得到灌溉，灌溉面积 25 万亩。

但是，漳河跨晋、冀、豫三省边界，用水矛盾日益突出。近年来由于漳河上任意增建工程，漳河水资源日趋短缺，灌区引水无保障，且近年来连续干旱，加之管理不善，配套蓄水工程遭受破坏，致使灌区面积逐渐减少。灌区伦掌、安丰、洪河屯、蒋村等乡（镇）部分村得不到灌溉，南干渠只能引到许家沟乡应阳村灌溉。

从表 2-7-3 和表 2-7-4 跃进渠及东干渠 2008 ~ 2010 年引水量可看出，跃进渠 2008 ~ 2010 年引水量非常小，总干渠年平均引水量为 3 473.37 万 m^3，东干渠年平均引水量为 2 085.5 万 m^3，有些月份甚至经常无水可引，导致灌区农田灌溉用水严重不足。当地村民只能肆意自打井抽取地下水。

本项目拟将矿井水排入跃进渠东干渠五里涧上游段。该处以下渠道涉及安阳县都里、铜冶、伦掌、蒋村、安丰、洪河屯 6 个乡（镇）的灌溉面积为 16.5 万亩。涉及用于蓄存排水的配套水库有 12 座，总库容 711 万 m^3，兴利库容为 550 万 m^3。配套水库灌溉面积为 4.57 万亩，见表 2-7-5。

将矿井排水用于灌区灌溉，有利于缓解当地水资源紧缺状况，节约地下水和地表水水资源。结合煤矿排水的实际情况，需要从水质和水量两方面对矿井排水方案进行综合分析。

7.4.3　矿井排水农灌用水水质分析

伦掌煤矿项目退水区域为跃进渠东干渠，其水源功能主要是农田灌溉用水。

由于伦掌煤矿尚未建成，本次评价依据毗邻生产矿井红岭煤矿的调查报告，即《安阳鑫龙煤业（集团）红岭煤业有限责任公司红岭煤矿工程竣工环境保护验收调查报告》（煤炭工业部郑州设计研究院，2007 年 8 月），通过 7.3 节矿井退水水质分析，矿井水经处理后能够达到《农田灌溉水质标准》（GB 5084—2005）旱作类水质要求。

7.4.4　矿井排水及利用方案分析

7.4.4.1　矿井排水利用方案

本矿井正常退水量为 17 720.21 m^3/d，年退水量 646.79 万 m^3。

依据跃进渠灌区管理局制定的跃进渠东干渠用水调度方案，在农田灌溉季节，伦掌煤矿矿井排水通过支、斗渠全部进入东干渠灌区用于灌溉，在非农灌季节，即灌溉间隔（农作物两次灌溉期的时间间隔）期内，矿井排水全部进入东干渠配套水库蓄存，配套水库中的蓄水用于其配套灌区的灌溉。

表 2-7-3 2008~2010 年跃进渠引水量统计

（引水量单位：万 m³）

年份	灌区名称	1月	2月	3月	4月	5月	6月	7月	8月	9月	10月	11月	12月	合计	灌溉面积（万亩）
2008	跃进渠	478	93.3	1 536	1 298	1 646	1 177	1 694	315.3	278.5	38.3	0	61.3	8 615.7	13.4
2009	跃进渠	95.9	204	207	35.3	0	0	0	0	13.3	12.29	0	0	567.79	3.53
2010	跃进渠	0	27.08	19.67	0	21.16	1.02	59.74	544.4	489.4	57.4	0	17.06	1 236.93	7.68
平均		191.3	108.13	587.56	444.43	555.72	392.67	566.58	286.47	176.73	34.0	0	26.12	3 473.47	4.87

表 2-7-4 2008~2010 年跃进渠东干渠引水量统计

（引水量单位：万 m³）

年份	灌区名称	1月	2月	3月	4月	5月	6月	7月	8月	9月	10月	11月	12月	合计	灌溉面积（万亩）
2008	东干渠	286.8	55.98	921.6	778.8	987.6	706.2	1 016.4	189.18	167.1	22.98	0	36.78	5 169.42	8.04
2009	东干渠	57.54	122.4	124.2	25.42	0	0	0	0	7.98	7.37	0	0	344.91	2.14
2010	东干渠	0	16.25	11.8	0	12.7	0.61	35.84	326.64	293.64	34.44	0	10.24	742.16	4.61
平均		114.77	64.88	352.53	268.07	333.43	235.6	350.75	171.94	156.24	21.6	0	15.67	2 085.5	4.93

表2-7-5　跃进渠东干渠主要配套水库概况

水库类型	水库名称	位置	流域面积（km²）	设计库容（万m³）	兴利库容（万m³）	灌溉面积（亩）	下游情况
小(1)型水库	韩家寨	安丰乡韩家寨	1	100.00	81.6	4 500	下游2个村,3 000人
	水浴	蒋村乡水浴村	1.1	115*	62.5	4 000	影响张贾店4 300人
	上天助	安丰乡上天助村西	5.0	113.5	105.83	3 800	影响上天助村,4 000人
	小坟	蒋村乡小坟村	2.75	113*	85.7	5 000	下游2个村,2 300人
	何坟	伦掌乡何坟村	0.8	137.6*	104.2	5 000	3个村庄,4 300人
小(2)型水库	众乐	伦掌乡众乐村	0.5	10.4	8.6	3 000	下游1个村庄,5 000人
	西柏涧	伦掌乡西柏涧村	0.6	12.6	11.00	3 000	下游1个村庄,3 500人
	李家村一号	伦掌乡李家村	0.5	10.9	17.5	3 000	下游1个村庄,1 320人
	李家村二号	伦掌乡李家村	2.0	17.2	13.5	3 500	下游1个村庄,5 000人
	牛河	伦掌乡牛河村	1.05	21.7	20.00	2 800	下游2个村庄,3 000人
	张贾店	蒋村乡张贾店村	2.5	40.7	29.5	4 100	下游1个村庄,4 000人
	大街	伦掌乡大街村	0.8	18.1	9.6	4 000	下游4个村庄,5 000人

注：其中李家村二号设计库容不详,17.2为校核水位相应库容,带*号设计库容为水库经加固处理后修正库容。

7.4.4.2　矿井排水利用方案分析

1. 东干渠灌区引、用水基本概况

1) 引水概况

跃进渠东干渠灌区目前主要靠引漳河水用于农田灌溉。跃进渠上游引水后,由跃进渠灌区管理局在总干渠分水闸处根据东干渠控制灌溉农田面积以及实际情况,向东干渠调配水量。在灌溉期,东干渠当月引水量全部直接通过支渠用于灌溉农田,不蓄存。在灌溉间隔期,引水量排入配套水库蓄存用于其配套灌区的灌溉。2008～2010 年东干渠每月引水量见表 2-7-4。

2) 农田灌溉情况

项目所在区属于豫北平原,灌区主要种植农作物为冬小麦(生长期每年 10 月至次年6 月)和夏玉米(生长期每年 6～9 月)。根据《河南省用水定额》(DB41/T 385—2009)中表 3 I 1. 豫北平原区灌溉用水定额(见表 2-7-7),小麦生长期内一般灌水 4 次,分别在冬灌、拔节、抽穗、灌浆期进行,灌溉保证率为 75% 时,次灌水定额 600～675 m^3/hm^2(40～45 $m^3/$亩)。玉米生长期内一般灌水 3 次,分别在拔节、抽雄、灌浆期进行,灌溉保证率为75% 时,次灌水定额 450～525 m^3/hm^2(30～35 $m^3/$亩)。

东干渠灌区冬小麦灌溉时间一般为冬灌期(12 月中旬)、拔节期(3 月下旬)、抽穗期(4 月下旬)、灌浆期(5 月中旬)。夏玉米灌溉时间一般为拔节期(7 月上旬)、抽雄期(8月上旬)、灌浆期(9 月上旬)。东干渠流量按设计值最小值 6 m^3/s 考虑,冬小麦每次灌溉天数至少为 5 d,夏玉米每次灌溉天数至少为 4 d。

本矿井排水口以下渠道控制灌溉面积 16.5 万亩,由于灌溉期东干渠引水直接通过支、斗渠全部用于灌溉,灌溉间隔期配套水库所蓄水量全部用于其配套灌区的灌溉,所以东干渠引水直接灌溉面积 = 东干渠控制灌溉面积 - 水库控制灌溉面积 = 16.5 - 4.57 =11.93 万亩。冬小麦按每亩每次净灌溉定额 45 m^3 考虑,灌溉保证率按 75% 考虑,则每次灌溉需水 716 万 m^3;夏玉米按每亩每次净灌溉定额 35 m^3 考虑,灌溉保证率按 75% 考虑,则每次灌溉需水 557 万 m^3。

东干渠配套水库控制灌溉面积 4.57 万亩,冬小麦每次灌溉需水 224 万 m^3。夏玉米每次灌溉需水 213 万 m^3。

2. 矿井排水利用方案分析

考虑本矿井排水和东干渠引水都将用于灌区农田灌溉,其中灌溉期直接通过支渠灌溉农田,非灌溉期(灌溉间隔期)蓄存于配套水库,以下分别从灌溉期和灌溉间隔期进行矿井排水利用方案分析,并将灌溉间隔期又分成非汛期和汛期两方面来分析矿井排水利用方案。

1) 灌溉期矿井排水利用方案分析

在冬小麦和夏玉米各灌溉期内,本矿井排水、东干渠引水都直接通过东干渠支、斗渠用于灌区灌溉。

通过计算灌溉期内煤矿排水量,结合 2008～2010 年东干渠每月平均引水量,得出在正常情况下,灌溉期内农作物可利用总水量(见表 2-7-6)。

表 2-7-6 东干渠灌区农作物灌溉期灌溉需水量和可利用水量对比

（单位：万 m³）

农作物灌溉季节	冬小麦灌溉时间				夏玉米灌溉时间		
	冬灌	拔节	抽穗	灌浆	拔节	抽雄	灌浆
灌溉时间（月-日）	12-11 ~ 12-15	3-20 ~ 3-24	4-22 ~ 4-26	5-13 ~ 5-17	7-1 ~ 7-4	8-1 ~ 8-4	9-1 ~ 9-4
灌溉需水量	716	716	716	716	557	557	557
东干渠引水量	23.51	352.53	268.07	333.43	350.75	171.94	156.24
伦掌煤矿排水量	8.86	8.86	8.86	8.86	7.08	7.08	7.08
可利用总水量	32.37	361.39	276.93	342.29	357.83	179.02	163.32

注：表中东干渠引水量为 2008 ~ 2010 年月引水量平均值，东干渠灌溉期灌溉水量为当月引水量值。

表 2-7-7　《河南省用水定额》(DB41/T 385—2009)表 3Ⅰ1. 豫北平原区灌溉用水定额

作物名称	灌溉保证率	定额单位	灌溉定额	灌水定额	备注
小麦	75%	m³/hm²	2 625	600～675	冬灌、拔节、抽穗、灌浆
玉米	75%	m³/hm²	1 425	450～525	拔节、抽雄、灌浆

表 2-7-6 中,农作物灌溉期需水量=次灌水定额×灌溉面积;煤矿灌溉期内排水量=煤矿日排水量×灌溉天数;农作物灌溉期可利用总水量=本矿井排水量+东干渠灌溉期内当月引水量。(计算所取的灌溉天数按最短灌溉时间考虑)

通过表 2-7-6 中农作物灌溉期灌溉需水量和可利用水量对比可以看出,冬小麦和夏玉米灌溉期灌溉需水量大于可利用总水量,本矿井排水量加上东干渠引水量在灌溉期可以完全被消耗掉。

综上说明,在农作物灌溉期,跃进渠东干渠灌区控制的灌溉面积可以保证矿井排水被消耗掉,该时段的矿井排水利用方案是可行的。

2)灌溉间隔期矿井排水利用方案分析

根据该地区农作物生长周期和年内降水分布情况,每年 10 月至次年 5 月冬小麦灌溉间隔期属于非汛期,降水量很少,配套水库蓄存的水量主要为东干渠引水量和煤矿的排水量;每年 6～9 月夏玉米灌溉间隔期属于汛期,降水量多集中在这 4 个月,配套水库蓄存的水量包括该时段内的降水量,东干渠引水量和煤矿的排水量。因此,以下分别从非汛期和汛期两方面来分析灌溉间隔期内矿井排水利用方案可行性。

(1)非汛期矿井排水利用方案分析(每年 10 月至次年 5 月)。

通过计算灌溉间隔期煤矿排水量,结合 2008～2010 年东干渠每月平均引水量,得出在正常情况下,灌溉间隔期水库蓄存总水量(见表 2-7-8)。

表 2-7-8 中,灌溉间隔期煤矿排水量=煤矿日排水量×灌溉间隔期天数;灌溉间隔期水库蓄存的总水量=煤矿排水量+东干渠灌溉间隔期内引水量;水库兴利库容 550 万 m³。(计算所取的灌溉间隔期按最短灌溉时间考虑,取值为最长灌溉间隔期)

配套灌区每次灌溉期结束后水库剩余蓄存水量=灌溉间隔期水库蓄存总水量-相邻灌溉期农作物灌溉需水量。例如:冬小麦冬灌—拔节灌溉间隔期水库蓄存总水量约为 347.99 万 m³,相邻小麦拔节灌溉需水量 326 万 m³,则小麦拔节灌溉期结束后水库剩余蓄存总水量=347.99-326=21.99(万 m³)。

通过表 2-7-8 中非汛期即冬小麦灌溉间隔期水库蓄存总水量和水库配套灌区灌溉期需水量、水库兴利库容对比可以看出,在各灌溉间隔期配套水库蓄存总水量大于水库兴利库容,可以被水库完全容纳。在冬小麦冬灌—拔节灌溉间隔期内水库蓄存总水量大于其配套灌区灌溉期需用水量,即水库蓄存的总水量不能被其配套灌区在一个灌溉期结束时完全利用掉,但蓄存至相邻下一个灌溉期结束时可以被完全利用掉。

通过计算,水库在冬小麦拔节期结束时剩余蓄存水量约为 21.99 万 m³,加上相邻冬小麦拔节—抽穗灌溉间隔期水库蓄水量 49.62 万 m³,共计 71.61 万 m³,在小麦抽穗期灌溉后可以被完全消耗掉。

表2-7-8　农作物灌溉间隔期内配套水库蓄存总水量和水库库容、水库控制灌区灌溉需水量对比

（单位：万 m³）

农作物	冬小麦				夏玉米		
灌溉季节	冬灌	拔节	抽穗	灌浆	拔节	抽雄	灌浆
灌溉时间（月-日）	12-11～12-15	03-20～03-24	04-22～04-26	05-13～05-17	07-01～07-04	08-01～08-04	09-01～09-04
非灌溉期天数（d）	95（12-16～03-19）	28（03-25～04-21）	16（04-27～05-12）	44（05-18～06-30）	27（07-05～07-31）	27（08-05～08-31）	96（09-05～12-10）
东干渠引水蓄存量	179.65			235.6			21.6
伦掌煤矿排入水库量	168.34	49.62	28.35	77.97	47.84	47.84	170.11
水库蓄存总量	347.99	49.62	28.35	313.57	47.84	47.84	191.71
水库配套灌区灌溉需水量	326	326	326	326	274	274	274
配套灌区每次灌溉结束后水库剩余蓄存量			21.99		39.57		
水库兴利库容	550						

注：表中东干渠引水量为 2008～2010 年月引水量平均值，蓄存至水库引水量为灌溉间隔期内引水量。

　　通过以上分析,在非汛期时段即冬小麦灌溉间隔期内,配套水库的兴利库容和其控制的灌溉面积可以保证本矿井排水排入跃进渠东干渠配套水库蓄存,并且被其配套灌区灌溉时消耗掉,该时段的矿井排水方案是可行的。

　　(2)汛期矿井排水利用方案分析(6～9月)。

　　夏玉米灌溉间隔期处于汛期季节,配套水库蓄水量主要为该时段内的降水量、东干渠引水量以及煤矿的排水量。

$$汛期进入水库的降水量 = 降水产生的径流深 × 产流的流域面积$$
$$= \frac{配套水库控制流域面积地表水资源量}{集水面积} × 产流的流域面积$$

　　配套水库控制流域面积地表水资源量采用安阳县西部山区天然径流量系列进行雨量加权的面积比缩放方法计算。其计算公式为

$$W_{区域} = R_{参证}F_{区域}P_{区域}/P_{参证}$$

式中:$W_{区域}$ 为配套水库控制流域面积地表水资源量;$R_{参证}$ 为安阳县西部山区天然径流深,162.6 mm;$F_{区域}$ 为配套水库控制流域面积,18.6 km^2;$P_{区域}$ 为配套水库控制流域面降水量,mm;$P_{参证}$ 为安阳县西部山区流域面降水量,mm。

　　根据安阳县西部山区多年水文资料综合分析计算,汛期配套水库控制流域面积多年平均地表水资源量为 137.43 万 m^3,折合径流深 73.9 mm;$P = 50\%$ 保证率地表水资源量 113.25 万 m^3,折合径流深 60.9 mm;$P = 75\%$ 保证率地表水资源量 89.65 万 m^3,折合径流深 48.2 mm;$P = 95\%$ 保证率地表水资源量 63.33 万 m^3,折合径流深 34.0 mm(详见表 2-7-9)。

表 2-7-9　不同保证率配套水库控制流域面积水资源量　　　(单位:万 m^3)

保证率	月径流量(集水面积 18.6 km^2)				合计
	6月	7月	8月	9月	
$P = 50\%$	20.15	24.13	27.84	41.13	113.25
$P = 75\%$	19.92	20.76	32.86	16.11	89.65
$P = 95\%$	16.01	20.09	13.07	14.16	63.33
多年均值	15.86	31.77	58.59	31.21	137.43

　　通过计算,汛期进入配套水库的多年平均降水量为 137.43 万 m^3,$P = 50\%$ 保证率时,进入配套水库的降水量为 113.25 万 m^3;$P = 75\%$ 保证率时,进入配套水库的降水量为 89.65 万 m^3;$P = 95\%$ 保证率时,进入配套水库的降水量为 63.33 万 m^3。

　　配套水库的总兴利库容约为 550 万 m^3,按汛期进入配套水库的降水量多年平均值 137.43 万 m^3 考虑,结合表 2-7-7,汛期配套水库蓄存的东干渠引水量最大值为 235.6 万 m^3,则水库容纳降水量和东干渠引水量之后的剩余兴利库容 = 550 - 137.43 - 235.6 = 176.97(万 m^3),汛期煤矿排水量最大值为 170.11 万 m^3。由此可以看出,水库的剩余兴利库容大于水库需蓄存的煤矿排水量。也就是说,在汛期即夏玉米灌溉间隔期内,水库兴利库容是可以容纳矿井排水量的。

由表 2-7-7 得出冬小麦灌浆—夏玉米拔节灌溉间隔期内水库蓄存总水量 313.57 万 m³ 大于其配套灌区灌溉期需用水量 274 万 m³，即水库蓄存的总水量不能被其配套灌区在一个灌溉期结束时完全利用掉，但蓄存至相邻下一个灌溉期结束时可以被完全利用掉。

通过计算，水库在玉米拔节期结束时剩余蓄存水量约为 39.57 万 m³，加上相邻玉米拔节—抽雄灌溉间隔期水库蓄水量约 47.84 万 m³，共计 87.41 万 m³，在玉米抽雄期灌溉后可以被完全消耗掉。

通过以上分析，在汛期即夏玉米灌溉间隔期内，配套水库的兴利库容和其控制的灌溉面积可以保证本矿井排水进入跃进渠东干渠配套水库蓄存，并且被其配套灌区灌溉时消耗掉，该时段的矿井排水方案是可行的。

综上对灌溉期和灌溉间隔期、非汛期和汛期矿井排水利用方案分析，认为本矿井水排入东干渠及配套水库用于农田灌溉是可行的。

7.4.5　结论

根据前面章节分析可知，伦掌煤矿矿井排水能够达到《煤炭工业污染物排放标准》（GB 20426—2006）中新（扩、改）建生产线标准的要求和《污水综合排放标准》（GB 8978—1996）中一级标准，同时满足《农田灌溉水质标准》（GB 5084—2005）中旱作类水质要求。因此，矿井排水水质满足安阳县跃进渠灌区管理局的水质要求。

综上所述，河南超越煤业股份有限公司伦掌煤矿项目退水方案和矿井排水利用方案设计合理、可行。

7.5　退水影响分析

7.5.1　退水影响分析

正常情况下，本项目的废污水主要包括工业废水和生活污水。全厂废污水按清污分流、回收利用的原则进行系统设计。矿井排水经处理后部分用于生产、生活水源，其他正常多余水部分经处理及消毒达到《煤炭工业污染物排放标准》（GB 20426—2006）中新（扩、改）建生产线标准的要求和国家污水一级排放标准后，外排进入跃进渠东干渠五里涧上游段由安阳县跃进渠灌区管理局统一调度分配，对水功能区及第三方不会产生影响。

正常排水条件下项目排水 SS、COD 均为 20 mg/L，且项目排水流经区域大部分区域无基岩裸露，且植被覆盖率高，对污水中的污染物具有吸附、沉淀和降解的作用，且排水中无难降解、有毒有害污染物，因此项目排水对地下水水质的影响不大。

当矿井排水量大于矿井正常涌水量时，应及时通知安阳县跃进渠灌区管理局，并严格服从管理局渠道及配套小水库工程建设需要和灌区防汛抗旱、排洪等方面事宜的协调和调度。

根据《饮用水水源保护区划分技术规范》（HJ/T 338—2007）中"准保护区内的水质标准应保证流入二级保护区的水质满足二级保护区水质标准的要求"，虽然煤矿与岳城水库准保护区部分重叠，但矿坑排水是通过管道从工业场地往跃进渠东干渠排水，并不涉及岳城水库水源地二级保护区,见图2-7-4。因此,退水对岳城水库水源地没有影响。

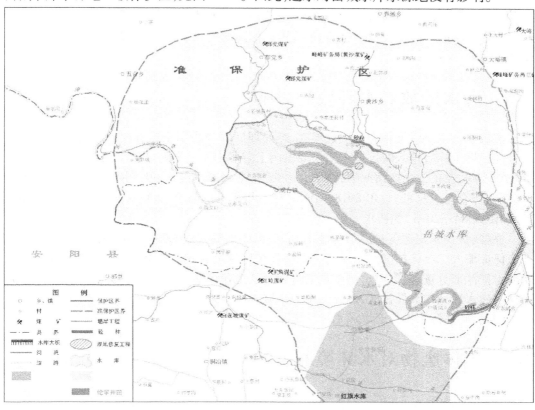

图2-7-4　伦掌井田与岳城水库位置

7.5.2　排污风险分析

煤矿可能会出现非正常工况下井下排水量过大,超出污水处理系统处理能力,以及在煤矿污水处理系统出现故障时,因出水水质变差而不能完全重复利用,此时退水量大、水质差,不能达到污水排放标准的要求。本次论证建议业主单位建设一座事故水池,以接纳事故状态下的污废水,防止不达标污废水外排。

为了使非正常工况下的废水充分得以资源化利用,同时降低事故排污风险的发生,可采用以下具体措施:

事故情况下井下排水超出污水处理系统处理能力时应充分利用事故水池蓄存此部分水量,日后再由污水处理系统和其他处理方式进行处理达标后回用。

当污水处理系统发生事故时,应在积极维修的同时,将未曾处理的生产废水排入事故水池,待处理系统维修好后再进行处理;若污水处理系统维修时间较长,建议矿方短时间内调整运行方式,尽量减少排污量。

若废污水总量已超过废污水缓冲池最大蓄存量,或特殊污染物处理一时达不到排放要求,此时应立即采取有效措施,避免将多余的超标废污水直接排入当地地表河道,导致排污事故的发生。矿方应按照有关规定,及时向当地环保和水行政主管部门汇报,并做好相应的应急措施,力争将影响降至最低。

　　矿方在采取以上措施后,可以有效地避免因矿井废水直接排入跃进渠东干渠而导致水环境污染事故。因此,在相关预防措施得以保障的前提下,矿井的退水不会对当地水环境产生影响。

7.6　污水排放对水环境的影响

　　矿坑水中主要污染物为无机悬浮物,经处理后部分回用于矿井生产、生活用水,多余部分经处理达标后排入跃进渠东干渠五里洞上游段由安阳县跃进渠灌区管理局统一调度分配。因此,在正常生产情况下,该矿井生产、生活污废水经处理后外排,外排水质能够满足《污水综合排放标准》(GB 8978—1996)中一级标准的要求,也可满足《农田灌溉水质标准》(GB 5084—2005)的要求。

　　根据《饮用水水源保护区划分技术规范》(HJ/T 338—2007)中"准保护区内的水质标准应保证流入二级保护区的水质满足二级保护区水质标准的要求",虽然煤矿与岳城水库准保护区部分重叠,但矿坑排水是通过管道从工业场地往跃进渠东干渠排水,并不涉及岳城水库水源地二级保护区,因此退水对岳城水库水源地没有影响。

　　因此,矿井污水排放对区域水环境影响较轻。

7.7　固体废物对水环境的影响

7.7.1　固体废物来源及处置

　　建设期排弃的固体废物主要为井筒、井底车场、硐室和大巷、采区开凿时排出的岩巷岩石及煤矸石,还有地面建筑物施工过程中排放的建筑垃圾和少量生活垃圾。固体废物如随意堆放将占压土地,雨水冲刷可能污染土壤和水体,大风干燥季节可能形成扬尘污染。

7.7.1.1　矸石和弃土渣

　　建设期掘进矸石量为 31.9 万 m^3,矿井工业场地平整挖方为 10.15 万 m^3,填方为 24.2 万 m^3,全部使用巷道开拓的掘进矸石作为填方;北风井场地填方使用 6.5 万 m^3 掘进矸石,修筑道路填方使用 1 万 m^3,剩余 10.35 万 m^3 作为绿化回填和填垫矸石场地所用。矸石场面积为 2 万 m^2,浅沟深约 5 m,需要 10 万 m^3,剩余 0.35 万 m^3 用于绿化回填。项目建设期排矸及弃土方全部得到了妥善处置。

7.7.1.2　建筑垃圾

　　项目地面工程施工过程中排放的少量建筑垃圾,如废弃的碎砖、石块、混凝土块等,全部作为地基的填筑料;其他如建材包装纸、纸箱可回收利用的废弃物,可送往废品站进行回收利用。

7.7.1.3　生活垃圾

　　少量施工人员生活垃圾被收集后由环卫部门统一处置。

7.7.2　固体废物排放场地情况

7.7.2.1　矸石场概况

伦掌煤矿工业场地不设永久性矸石山,仅设矸石周转场一座。排矸场地位于矿井工业场地南方约 30 m 的浅沟处,占地面积为 2 hm²,占地类型为坡耕地和林草地,平均填高 5.0 m,填平塌实后作为临时矸石场使用,能够堆存 3.6 万 m³ 矸石。临时矸石场进行填垫塌实、平整硬化,为平地矸石周转场,四周进行绿化。主体工程可行性研究报告中没有明确运矸道路的情况,根据建设单位及主体设计单位意见,本工程矸石临时周转场北端距主副井场地围墙较近(直线距离约 30 m),通过窄轨铁路与围墙内的窄轨铁路相连,路基宽 0.6 m。矸石经窄轨在贮煤场装车,通过公路外运。

矿井达产后掘进矸石量为 14.4 万 t/a,评价要求掘进矸石和出煤矸石运送至临时排矸场周转后用于安阳市铁西砖厂制砖;选煤厂选洗矸石产量为 21.56 万 t/a,运往临时排矸场地,和出煤矸石分区堆存,然后就地销给安阳当地砖厂用于制作烧结砖。

7.7.2.2　矸石场地层、地形地貌、植被情况

据井田内钻孔揭露及井田附近零星的基岩出露情况,本井田发育地层有:古生界奥陶系中统马家沟组、峰峰组;石炭系:本溪组、太原组;二叠系:山西组、下石盒子组、上石盒子组、石千峰组;中生界三叠系下统刘家沟组、和尚沟组;新生界新近系、第四系。

本井田位于太行山东麓,为山区向平原过渡的丘陵地带,地势北、西、南三面偏高,东面略低,地面高程 143.3(岳城水库南端)~257.0 m(小五里涧村东北),一般 180.0~230.0 m,相对高差 113.7 m。丘陵形态多呈浑圆状,V 形冲沟发育,新近系为半固结沉积物,第四系为黄土冲积物及洪积物,地表部分覆盖有卵石层。

本井田属暖湿带大陆性气候,夏季炎热多雨,秋季风和日丽,冬、春季干旱少雨,四季分明,植被发育良好。矸石周转场占地类型为坡耕地和林草地,填平后使用,四周进行绿化。

7.7.2.3　矸石场的工程地质和水文地质条件

1. 工程地质

本井田上覆新生界松散层厚度较大,二₁煤层顶板以上基岩厚度 500~1 500 m,由二叠系下统山西组、下石盒子组和二叠系上统上石盒子组及石千峰组、三叠系下统的一部分组成。二₁煤层底板下伏岩层为石炭系上统太原组、中统本溪组及奥陶系峰峰组、马家沟组岩层。

为了解矿区工程地质特征,根据工程地质孔采样分析,分别做了各类岩层的物理力学性质测试,划分了工程地质岩组,确定了强弱风化带的位置和厚度。松散岩层主要是第四系上更新统黄土(Q_3)和全新统砂卵石层 CQ_4,以及上第三系红土(N_2)厚 26.9~80.39 m,平均厚 59.10 m,占岩层总厚的 13.47%。软弱岩层主要是煤和泥质灰岩厚 46.60~97.16 m,平均厚 80.10 m,占岩层总厚的 17.44%。半坚硬岩层主要是泥岩、砂质泥岩,厚 106.80~233.80 m,平均厚 165.14 m,占岩层总厚的 32.13%。坚硬岩层主要是砂岩和灰岩,厚 105.54~493.17 m,平均厚 296.00 m,占岩层总厚的 50.37%。从整个地层看,坚硬岩层占比例最大,为 50.37%;其次是半坚硬岩层,为 32.13%;软弱岩层仅占 17.44%;松

散层比例最小,为 13.47% 。

以岩石质量等级分析,坚硬岩石以砂岩为主,RQD 值多大于 90,岩石质量为极好的,岩体完整;少数砂岩 RQD 值小于 90,岩石质量为好的,岩体较完整。半坚硬岩层,以泥岩为主,RQD 值都在 50 ~ 90,岩石质量为好的或中等的,岩体为较完整或中等完整。软弱岩层 RQD 值多小于 25,少量在 25 ~ 50,岩石质量多为极劣的,少数为劣的,岩体破碎或完整性差。

基岩强风化带厚 7.89 ~ 15.00 m,平均厚 11.26 m;弱风化带厚 26.76 ~ 59.50 m,平均厚 48.42 m。

矸石场工程地质按无特殊不良地质现象的一般情况考虑。

2. 水文地质

伦掌井田属海河流域卫河水系,流经本区域的河流有红土河、申家河两条,均为季节性河流。另外,区内有跃进渠干渠 1 条。水库主要有岳城水库、红旗水库等。排矸场地位于矿井工业场地南方约 30 m 的浅沟处,矸石场紧邻红旗水库。

根据勘探报告,地下水含水层主要为:新生界松散岩类孔隙含水岩组、二₁煤层顶板碎屑岩类砂岩裂隙含水层、太原组上段灰岩岩溶裂隙含水层、太原组下段灰岩岩溶裂隙含水层、奥陶系灰岩岩溶裂隙含水层。

隔水层主要为:三叠系、二叠系中、上段隔水层,二₁煤层底板隔水层,太原组中段砂泥岩隔水层,本溪组铝土质泥岩隔水层。

根据地质勘察报告,矸石场周围没有发现断层、褶曲、陷落柱。

7.7.3　固体废物对水环境影响

矸石露天堆放,经降雨淋溶后,可溶解性元素随雨水迁移进入土壤和水体,可能会对土壤、地表水及地下水产生一定的影响。其影响程度取决于淋溶液中污染物的排放情况及所在地的环境地质条件。

伦掌矿井尚未建成,无法直接取煤矸石进行分析化验。环境影响评价采用同本煤田地质条件、煤质相近的红岭煤矿的矸石样品进行对比分析。红岭井田紧邻伦掌井田,位于它的西部。红岭煤矿矸石浸出液浓度值与各环境质量标准要求的浓度值对比情况详见表 2-7-10。

表 2-7-10　矸石浸出液分析结果　　　　　　（单位:mg/L）

项目	汞 Hg	镉 Cd	砷 As	铅 Pb	铜 Cu	氟 F	pH
红岭煤矿矸石	未检出	未检出	未检出	未检出	未检出	0.23	8.2
最低检出限	0.001	0.002	0.007	0.4	0.04	0.05	—
GB 5085—1996 最高允许浓度	0.05	0.3	1.5	3	50	50	—
GB 5085.3—2007	0.1	1	5	5	100	100	—
GB/T 14848—1993（Ⅲ类）	0.001	0.01	0.05	0.05	1.0	1.0	6.5 ~ 8.5
GB 3838—2002（Ⅲ类）	0.001	0.005	0.1	0.05	1.0	1.5	6 ~ 9

由表 2-7-10 可以看出,矸石浸出液各项分析指标均远远小于《危险废物鉴别标准 浸出毒性鉴别》(GB 5085.3—2007)中的各项指标,而且矸石不在《国家危险废物名录》中,由此可判定伦掌煤矿煤矸石不属于危险固体废物,属于一般工业固体废弃物;同时各项分析指标均未超过《污水综合排放标准》(GB 8978—1996)中一级排放标准规定限值,且 pH 为 6~9,这说明伦掌煤矿煤矸石属于第 I 类一般工业固体废物,本工程排矸场应按 I 类贮存场设计。

在矸石浸出液的试验中,矸石浸出液的水质情况是矸石自然淋溶的极限状态。从浸出液分析结果看,各项指标均满足《地下水环境质量标准》(GB/T 14848—1993)中的 III 类水质要求。而从评价区的气象资料来看,该地区年平均降水量 570.1 mm,年平均蒸发量为 1 939.4 mm,是年平均降水量的 3 倍多,矸石的自然淋溶量较小,此外临时排矸厂规模较小,容纳矸石量也较小,因此本矿井矸石淋溶液对地下水的影响轻微。

8　水资源保护措施

8.1　工程措施

　　施工废水主要有配料溢流、建筑材料及设备冲洗水等废水,需要进行收集和处理,工地要设废水沉淀池,对施工废水进行沉淀处理,然后复用于搅拌砂浆等施工环节。

　　施工人员集中居住地要设经过防渗处理的旱厕所,对厕所应加强管理,定期喷洒药剂。施工人员产生的生活污水较少,在施工区设 1 个 200 m³ 污水池,收集施工生活污水(主要为食堂污水和洗漱污水),经沉淀处理后,用于建筑用水或道路洒水,防止二次扬尘。

　　施工期间井筒和巷道掘进会有少量矿井涌水产生,由管道排至地面污水池,经沉淀处理后复用于施工用水。

　　应按《建筑物、水体、铁路及主要井巷煤柱留设与压煤开采规程》的规定,对地面建筑物以下设保安煤柱,严格控制越界开采。煤炭开采时要严格选取保护层厚度,根据具体的采煤方法和开采厚度,确定防水煤岩柱的尺寸,确保导水裂隙带不波及上部含水层及地表,防止对农村饮用水水源影响。

　　加强厂区绿化,增加绿化面积;煤炭输送和贮存采取密闭走廊和筒仓,原煤、洗精煤露天堆场应采取硬化措施,雨水收集后处理回用;建设矿坑水、生活污水及地面生产系统污废水收集处理系统,防止污废水下渗及外排对区域水环境产生影响。

　　考虑矿井事故状态下的污废水排放和贮存,矿方应建设一座事故水池,以接纳事故状态下的污废水,防止不达标污废水外排。

　　考虑到矿坑排水的不稳定性,建议修建一定容量的矿坑排水调节池,保证取水水源的可靠。

　　提高矸石和锅炉炉渣等废物的综合利用率,矸石场投入运行之前应首先建设拦渣坝和防洪排水系统,并严格选取堆矸工艺,保证矸石场安全运行,防止矸石淋溶液下渗污染水环境。

8.2　非工程措施

8.2.1　贯彻执行国家和地方制定的法律、法规

　　贯彻执行《中华人民共和国水法》等法律法规,合理开发、利用、节约和保护水资源。采用节水先进的技术、工艺和设备,实行计划供水和计量管理,降低用水定额,提高水的重复利用率,实现水资源的可持续利用。

8.2.2　严格按照有关规定安全生产,杜绝矿井突水事件

矿山生产过程中可能遇到的井下灾害有矿坑突水、瓦斯、煤尘爆炸等。矿区开采过程中可能诱发的地质环境问题主要是煤层开采对地下水资源的破坏,废水排放、矸石淋滤对地下水的污染等,矿井开采过程中一定要"先探后采",防止矿坑突水,保护水资源。

(1)严格按照《煤矿安全规定》及《煤矿防治水规定》的要求,对地面建筑物以下设保护煤柱,严格控制越界开采。对水体下采煤的可靠性和安全性进行评价,合理留设安全煤岩柱。煤炭开采时要严格选取保护层厚度,根据具体的采煤方法和开采厚度,确定防水煤岩柱的尺寸,确保导水裂隙带不波及上部含水层及地表。

(2)矿井在开采前必须补充煤田水文地质勘探工作,查清井田内带压开采条件,制订带压开采条件下,防治奥灰水突水的应急预案。煤矿开采时必须坚持"预测预报、有疑必探、先探后掘、先治后采"的原则。

8.2.3　禁止乱堆、填埋固体原材料和废弃物

禁止向沟内随意倾倒和在地表填埋、堆放固体原材料和废弃物,企业的原材料应当考虑其污染程度进行适当存放,固体废弃物应根据其污染程度进行合理填埋。要合理堆放原煤和煤矸石,防止降雨淋滤、冲刷,有效地保护地下水和地表水资源。

8.2.4　加强生态植被建设,防止水土流失

在项目建设过程和生产运营中,执行水土保持的有关法规、政策,对矿区因采煤引起的地面变形、裂缝、塌陷等破坏了植被的土地要进行覆田再植,加强生态植被建设,减少水土流失,涵养水源,增加对地下水的有效补给。

煤矿应按《建筑物、水体、铁路及主要井巷煤柱留设与压煤开采规程》的规定留设保护煤柱,主要包括村庄、矿界、大巷、工业场地、井筒、道路及耕地等主要设施。

地表塌陷所形成的裂缝,应及时组织人员用黄土充填并夯实,恢复到可安全使用的程度。

建立、健全地表塌陷观测站,积累资料,总结经验,为地表塌陷治理提供科学依据。

及时开展沉陷区的治理工作,按当地的土地利用规划和环保规划,对沉陷区进行综合治理,生态环境的改善,有利于水环境的改善。

8.2.5　加强水源动态监测

业主单位应定期对地下水进行水量、水质、水位动态监测,形成制度,以确保准确、及时地反映当地岩溶水水量、水质、水位动态变化特征,并注意水位变化规律,报当地水行政主管部门备案,更好地服务于生产,提高经济效益。

9　建设项目取水和退水影响补偿建议

按照《建设项目水资源论证管理办法》的要求,根据建设项目取水、退水对其他用水户的权益的影响,制订影响其他用水户权益的补救和补偿方案。

9.1　补偿基本原则

建设项目水资源论证中,在对由建设项目取、退水造成的负面影响编制补偿方案(措施)时,一般遵循如下基本原则:

(1)坚持"水资源的可持续利用"的方针和开源、节流、治污并举,节水、治污优先的原则。

(2)坚持开发、利用、节约、保护水资源和防治水害综合利用的原则。

(3)坚持水量与水质统一的原则。建立健全保护水资源、恢复生态环境的经济补偿机制。

(4)坚决维护国家权益,遵循公开、公平、公正和协商、互利的原则。

9.2　补偿方案(措施)建议

随着煤矿的开采,由于导水断裂带的存在,可能造成地表整体塌陷,使得地表水深入地下或矿坑,引起含水层破坏、水质污染、水位下降等问题,从而影响周围村庄的人畜饮用水安全。因此,本报告建议矿方制订具体应对方案,以解决村民吃水问题。

10　结论与建议

10.1　结　论

10.1.1　取用水的合理性

10.1.1.1　取水合理性

安阳伦掌井田位于河南省安阳市安阳县伦掌乡境内。根据划定井田范围内获得的资源量和煤层赋存条件,本矿井设计生产能力180万t/a,服务年限46.1 a,并配套建设有相应规模的选煤厂。煤矿所在区不属于重要地下水资源补给区和生态环境脆弱区,也不属于在地质灾害危险区等禁采区。伦掌煤矿井田位于河南省规定的岳城水库水源地准保护区内,《伦掌煤矿对岳城水库大坝和库区安全影响论证报告》(南京水利科学研究院,2010年8月)证明伦掌煤矿不会对岳城水库造成影响。伦掌煤矿项目建设符合国家煤炭相关政策。

河南超越煤业股份有限公司伦掌煤矿采用矿井排水作为煤矿生产、生活及消防用水。矿井正常涌水量870 m^3/h(20 880 m^3/d),年涌水量762.12万m^3;最大涌水量1 305 m^3/h(31 320 m^3/d),年涌水量1 143.18万m^3。矿井取水量按正常涌水量计算,故本矿井正常取水量为870 m^3/h(20 880 m^3/d),年取水量762.12万m^3(按365 d计)。

安阳伦掌煤矿项目以矿井排水作为取水水源,一方面以矿井排水代替当地水资源,节约了对当地水资源的取用量;另一方面,将煤矿矿井排水处理后作为矿区生产、生活供水水源,提高了煤矿矿井排水的综合利用率,减少了矿井排水对当地水体的排泄量。同时,将处理后的矿井水排入跃进渠东干渠,供给周边村庄灌溉使用,这样不仅减小了对当地第四系地下水的过量开采,而且充分利用了矿井生产过程中的矿井水。上述属于合理开发利用煤矿排水再生资源,节约水资源和保护当地水环境的重要措施。因此,建设项目规划的取水方案符合国家《水利产业政策》。

10.1.1.2　用水合理性

该项目矿井单位产品取水量为0.356 m^3/t,选煤单位产品取水量为0.042 m^3/t,满足《河南省用水定额》(DB41/T 385—2009)规定要求。该项目选煤水重复利用率97.31%,满足《污水综合排放标准》(GB 8978—1996)选煤行业最低允许水的重复利用率90%的规定。该项目新水利用系数为1,说明该工程生产过程中系统无外排水,全部回用;该项目职工生活综合用水164.25 $m^3/($人·a$)$,大于《河南省用水定额》(DB41/T 385—2009)中关于城镇人均综合生活用水量52~97.5 $m^3/($人·a$)$的指标要求,有一定的节水潜力。

根据对伦掌煤矿各生产工艺的用水环节分析和节水措施与潜力分析,核定该矿井在正常生产情况下,正常生产、生活用水量2 351.92万m^3/d,年用水量为78.87万m^3(生产用水按330 d,生活用水按365 d计)。生活用水量360.82 m^3/d(13.17万m^3/a)。生产用水量为

1 991.1 m³/d(65.7 万 m³/a),包括井下消防洒水用水 518.4 m³/d(合 17.11 万 m³/a);洗煤用水 415.7 m³/d(13.72 万 m³/a);注浆用水 360.0 m³/d(11.88 万 m³/a);瓦斯发电补水 480.0 m³/d(15.84 万 m³/a)。生活污水经处理后 276.11 m³/d(9.11 万 m³/a)回用于选煤厂用水(59.11 m³/d,1.95 万 m³/a)、绿化(55 m³/d,1.82 万 m³/a)和贮煤场洒水(162 m³/d, 5.35 万 m³/a),则生产用水取水量为 1 714.99 m³/d(56.59 万 m³/a)。

因此,在正常生产情况下,矿井取用新水量为 2 075.81 m³/d,包括生产取水量为 1 714.99 m³/d,生活取水量为 360.82 m³/d。煤矿生产用水按 330 d,生活用水按 365 d 计,则矿井年合理取水量为 69.76 万 m³。

伦掌煤矿核定用水指标为 0.322 m³/t,满足《河南省用水定额》(DB41/T 385—2009):当矿井年生产能力大于等于 1.5×10^6 t/a 时,矿井采煤定额 0.3 m³/t(调节系数 0.8~1.3)的规定。矿区人均综合生活用水量按 97.5 m³/(人·a),满足《河南省用水定额》(DB41/T 385—2009)要求。

10.1.2　取水水源的可靠性与可行性

本次规划在北翼采区 -1 000 m 水平和南翼采区 -950 m 水平开采二₁煤层,北翼采区正常涌水量 310 m³/h,最大涌水量 465 m³/h;南翼采区正常涌水量 560 m³/h,最大涌水量 840 m³/h。本矿井合计正常涌水量 20 880 m³/d,年涌水量 762.12 万 m³;最大涌水量 31 320 m³/d,年涌水量 1 143.18 万 m³。

核定后矿井正常生产、生活取水量约为 2 075.81 m³/d,年取水量 69.76 万 m³,仅占矿井正常涌水量的 9.94%。水量完全可以满足。

排水管选用 φ377 mm 无缝钢管 4 趟,3 趟工作,1 趟备用,沿副井井筒敷设,以套管焊接连接为主,局部采用法兰连接。吸水管选用 φ377 mm×8 mm 无缝钢管。考虑到该矿井井筒深、涌水量大,为增大矿井的排水能力,设计在副井井筒中再安装一趟 φ377 mm 排水管路,即共安装 5 趟 φ377 mm 无缝钢管。为降低水锤冲击压力,井筒内增设一组止回阀。正常涌水期 3 泵 3 管工作,排水能力 1 350 m³/h,日工作 15.47 h;最大涌水期 4 泵 4 管工作,排水能力 1 800 m³/h,日工作 17.40 h,均满足《煤矿安全规程》的要求。

矿井水作为特殊形式的地下水,受开采过程中煤尘污染,悬浮物和 COD 含量较高,经过沉淀、过滤及消毒处理后,水质完全可以满足矿区工业和生活用水。生活污水经处理后回用于井下生产用水、洗煤补充水,符合国家和河南省保护水资源,充分利用矿坑水的有关要求;且矿坑水经井下水处理站沉淀、过滤等一系列处理措施后,能够满足井下消防、洒水及洗煤用水等水质要求。

考虑到矿坑排水的不稳定性,建议修建一定容量的矿坑排水调节池,因此取用矿坑水作为矿井及选煤厂生产用水水源是可靠的、可行的。

10.1.3　取退水的影响及补偿

10.1.3.1　取水影响分析

1. 对地下含水层的影响分析

二₁煤层导水裂隙带发育高度最低 43.6 m,最高 55.16 m。二₁煤层的开采,不会破坏新生界冲洪积层孔隙含水层组;开采二$_1$煤层不会波及二$_1$煤层顶板碎屑岩类砂岩裂隙含水层,但由于伦掌井田断层较多,存在多处地层倾斜,使得导水裂隙带导通二叠系下统山西组二$_1$煤层顶板碎屑岩类砂岩裂隙含水层,随着矿井的开采,有可能会使其水量疏干。由于顶板砂岩裂隙含水层不是供水意义的含水层,因此对当地生产、生活产生影响较轻。矿井在生产中应加强对地下水文情况的长期动态观察,发现问题应及时采取措施并加以解决。太原组上段灰岩岩溶裂隙含水层与二$_1$煤底板间有平均间距 34.27 m 的二$_1$煤底板隔水层,但由于小于导水裂隙带高度,因此会被导通,该层位的水量将被疏干。矿井在生产中应加强对地下水文情况的长期动态观察,发现问题应及时采取措施并加以解决。二$_1$煤层的开采,一般情况下不会导通太原组下段灰岩岩溶裂隙含水层,使其水量疏干;奥陶系灰岩岩溶裂隙含水层距二$_1$煤层 134.06 ~ 151.99 m,且中间有平均厚 18.89 m 的本溪组铝土质泥岩隔水层相隔,正常情况下不会对开采二$_1$煤层形成威胁,但在断层的影响下,可与其他含水层产生水力联系,成为底板充入二$_1$煤矿坑间接充水含水层。设计已预留了保护煤柱,一般情况下不会发生突水事故,建议煤矿在开采时做好岩移观测,严防突水事故的发生。

2. 煤层开采对珍珠泉岩溶地下水的影响

根据煤矿开采对地下水影响范围的预测,底板灰岩水影响面积为 136.36 km^2,影响半径为 6.59 km,即井田边界外扩约 3.26 km,而伦掌煤矿西南角距离珍珠泉泉域最近距离约 4.8 km。而且伦掌煤矿矿井涌水除少量自用外,大部分经过处理后回用于附近村庄的农业灌溉,可减少农村灌溉对泉域附近地下水开采量。因此,伦掌煤矿采煤对珍珠泉岩溶地下水的实际影响轻微。

为确保安全,建议矿方做详细的水文地质勘察工作,做好防水煤柱安全工作,确保煤矿开采不对珍珠泉造成影响。

3. 对水库的影响分析

1)对红旗水库的影响分析

红旗水库位于井田 11 和 13 采区间的 DF$_0$ 断层保护煤柱内,煤矿专门留设了保护煤柱。因此,水库不会受到煤矿开采的沉陷影响。

水库蓄水主要依靠降水蓄水,和新生界含水层存在渗透补给关系,伦掌煤矿二$_1$煤层距新生界含水层较远,为 797.48 ~ 1 538.65 m,远大于导水裂隙带发育高度,导水裂隙带不会与新生界含水岩组及地表水体发生水力联系。所以,矿井开采后形成的导水裂隙带不会影响红旗水库。

为确保安全,建议业主单位加强矿区开采过程中地表沉陷变化的巡视和监测,采取有效的开采保护措施,将引发地面沉陷的可能性降到最低。

2)对岳城水库的影响分析

根据《伦掌煤矿对岳城水库大坝和库区安全影响论证报告》计算结果,伦掌井田首采区开采后,引起的沉陷边界距离大坝最小距离约为 3 500 m;全采区开采后,沉陷边界距大坝最小安全距离约为 2 300 m。因此,煤层开采不会影响岳城水库大坝的安全。

岳城水库库区及伦掌井田区域内冲积层厚度较大,地层由厚层状黏土和砂、砾石层交替沉积组成,黏性土可塑性强,隔水性能好,能有效阻隔地表水和下伏基岩含水层之间的水力联系。根据公式计算的二$_1$煤层导水裂隙带发育高度最低 43.6 m,最高 55.16 m,导水裂隙带高度仅达到上覆的山西组 P_1sh 岩组,不会与新生界含水岩组及地表水体发生水力联系。

伦掌井田在开采过程中,岳城水库水体只与松散覆盖层之间有微弱的水力联系,而松散层和基岩之间以及各个基岩含水层之间均没有水力联系。留设的防护煤柱尺寸符合《建筑物、水体、铁路及主要井巷煤柱留设与压煤开采规程》的要求。

岳城水库水体与开采后的井下工作涌水之间无水力联系,岳城水库库区水体不会向伦掌井田内发生垂直渗透。

伦掌井田为深部矿井,煤层开挖后导水裂隙带高度小于 70 m,不会穿透上覆基岩与新生界连通。由于岳城水库底部为二叠系砂、泥质岩层和新生界古近系、新近系砾岩和黏土层含水层,与开采煤层之间的隔水层距离大于 700 m,因此煤层开采不会与岳城水库导通,不会影响岳城水库的水环境。

建议矿方开采中应严格按照环境影响评价部门、水利部等相关部门提出的意见采取保护措施以确保水库的安全。

4. 对地表水的影响分析

本井田属海河流域卫河水系,井田北部有申家河汇入岳城水库,该河流为季节性河流。另外,跃进渠东干渠从井田内自西向东穿过。

通过计算,二₁煤层导水裂隙带发育高度最低 43.6 m,最高 55.16 m,根据井田内钻孔数据的计算结果,导水裂隙带发育高度距离二₁煤层上覆基岩顶部距离为 797.48 ~ 1 538.65 m。由于隔水层厚度大,因此煤层开采不会导通浅层地下水,亦不会导通各地表水体。

1) 对申家河的影响

井田内季节性河流仅有申家河。煤层开采后,在李家村和伦掌村附近,由于留设了村庄保护煤柱,因此申家河在流经两村庄区域时汇流条件不会受到影响。在河流的下游,煤层开采可能会造成地表的沉陷。由于开采时间长,沉陷过程较缓慢,会逐渐改变原有汇流条件,但由于开采煤层厚度均一,由于伦掌煤矿仅开采二₁煤层,开采煤层较为平缓沉陷,申家河的水力坡降在沉陷后将由 0.008 8 变为 0.009 3,变化不大,因此煤矿开采对申家河影响不大。

为确保安全,建议矿方实时监测申家河范围内的地面变形情况,采取有效的开采保护措施,将引发地面沉陷的可能性降到最低。

2) 对跃进渠东干渠的影响

煤矿开采可能引起地面沉陷。根据环境影响评价报告中地表沉陷的预测结果,东干渠最大沉陷深度 3.2 m,沉陷后东干渠东西高差在 30 m 以上,煤矿开采不会影响东干渠水流流向,但有可能会因沉陷出现局部渠体裂缝或损坏。环境影响评价报告已提出了对该渠的保护措施,并征得了跃进渠灌区管理局的意见。建议矿方严格按照环境影响评价报告提出的保护措施及跃进渠灌区管理局的意见对跃进渠东干渠实时监测并及时解决出现的问题。

5. 对第三者取用水的影响

本煤矿二₁煤层埋藏较深,其导水裂隙带最大高度 55.16 m,仅达到上覆的山西组岩组。同时，二₁煤层上覆三叠系、二叠系中、上段隔水层，包括三叠系刘家沟组、和尚沟组；二叠系上、下石盒子组和石千峰组，由泥岩、砂质泥岩、砂岩等碎屑岩组成，总厚545.24～1 434.95 m，具有良好的隔水作用，不会连通新生界冲洪积层孔隙含水组。从煤矿开采后对上覆岩层的破坏产生的导水裂隙带分析，煤炭的开采不会影响浅层地下水，造成水位的下降。

但由于导水断裂带的存在，随着煤矿的开采，可能造成地面整体塌陷，使得地表水深入地下或矿坑，从而影响周围村庄的人畜饮用水安全。因此，矿方应根据制订的具体应对方案及时解决出现的农村人畜饮用水问题。

10.1.3.2　退水影响分析

正常情况下，本项目的废污水主要包括工业废水和生活污水。全厂废污水按清污分流、回收利用的原则进行系统设计。矿井排水经处理达标后，其中约有45.57万 m³/a（1 248.49 m³/d）水量在处理过程中被损耗掉，69.76万 m³/a（2 075.81 m³/d）用于生产和生活用水后，其余矿井处理水约646.79万 m³/a（17 720.21 m³/d，按365 d计）达标外排进入跃进渠东干渠五里涧上游段，全部由安阳县跃进渠灌区管理局调度分配，不外排进入河道水体。此时对水功能区及第三方不会产生影响。

正常排水条件下项目排水SS、COD均为20 mg/L，且项目排水流经区域大部分区域无基岩裸露，且植被覆盖率高，对污水中的污染物具有吸附、沉淀和降解的作用，且排水中无难降解有毒、有害污染物，因此项目排水对地下水水质的影响不大。

非正常工况下，井下排水量过大，超出污水处理系统处理能力，以及在煤矿污水处理系统出现故障时，因出水水质变差而不能完全重复利用，此时退水量大、水质差，不能达到污水排放标准的要求，因此，矿方应设置事故水池将污水排入其中，待污水处理厂系统维修好后，再进行处理回用，事故废水不得直接排放。因此，对跃进渠东干渠不会产生影响。

矿方在采取以上措施后，可以有效地避免因厂区废水直接排入地表河道而导致的水环境污染事故。因此，在相关预防措施得以保障的前提下，煤矿的退水不会对当地水环境产生影响。

根据饮用水水源保护区划分技术规范（HJ/T 338—2007）中"准保护区内的水质标准应保证流入二级保护区的水质满足二级保护区水质标准的要求"，虽然煤矿与岳城水库准保护区部分重叠，但矿坑排水是通过管道从工业场地往跃进渠东干渠排水，并不涉及岳城水库水源地二级保护区，因此退水对岳城水库水源地没有影响。

10.1.3.3　补偿方案（措施）建议

煤矿开采过程中可能对当地农村人畜饮水可能造成影响，建议矿方根据制订的应对方案来解决村民吃水问题。

10.1.4　取水方案及允许取水量

该矿井在北翼采区 -1 000 m水平和南翼采区 -950 m水平开采二₁煤层，北翼采区正常涌水量310 m³/h，最大涌水量465 m³/h；南翼采区正常涌水量560 m³/h，最大涌水量840 m³/h。矿井取水量按正常涌水量计算，本矿井合计正常取水量为20 880 m³/d（870 m³/h），年取水量762.12万 m³。

经本次分析论证,采取节水措施后,核定该矿井在正常生产情况下,用水量为 2 351.92 万 m³/d,年用水量为 78.87 万 m³(生产用水按 330 d,生活用水按 365 d 计)。生活用水量 360.82 m³/d(13.17 万 m³/a),生产用水量为 1 991.1 m³/d(65.7 万 m³/a),包括井下消防洒水用水 518.4 m³/d(17.11 万 m³/a);洗煤用水 415.7 m³/d(13.72 万 m³/a);注浆用水 360.0 m³/d(11.88 万 m³/a);瓦斯发电补水 480.0 m³/d(15.84 万 m³/a)。其中生活污水经处理后 276.11 m³/d(9.11 万 m³/a)回用于选煤厂用水(59.11 m³/d,1.95 万 m³/a)、绿化(55 m³/d,1.82 万 m³/a)和贮煤场洒水(162 m³/d,5.35 万 m³/a),则生产用水取用新水量为 1 714.99 m³/d(合 56.59 万 m³/a)。

因此,在正常生产情况下,矿井取用新水量为 2 075.81 m³/d,包括生产取水量为 1 714.99 m³/d,生活取水量为 360.82 m³/d。煤矿生产用水按 330 d,生活用水按 365 d 计,则矿井年合理取水量为 69.76 万 m³。

综上所述,根据对取水可靠性、合理性分析及取水、退水对区域水资源及其他用户的影响,本次论证认为建设项目取水、退水方案可行。

10.2　建　议

(1)建议按照《煤矿防治水规定》的要求,补充进行详细的水文地质调查与勘探,切实探明井田范围内是否有老窑积水、岩溶水位标高及岩溶水赋存情况等,防止水资源浪费,确保矿井安全生产。

(2)为防止矿区及周边含水层被破坏,可采取相关措施,做到"先探后采",发现涌水断面即采取注浆等封堵处理措施,并做好水文地质观测。

(3)该矿井未考虑事故状态下的污废水排放和贮存,因此,本论证建议业主单位应建设一座事故水池,以接纳事故状态下的污废水,防止不达标污废水外排。

(4)考虑矿坑排水的不稳定性,为提高供水保证程度,矿区应建设适当容量的矿坑排水调蓄池。矿井投产后,应加强矿坑排水水质、水量的监测工作,为其合理利用提供依据。

(5)建议在煤矿开采过程中,对浅层地下水进行长期动态观测。一旦发现煤矿开采影响范围内地下水位下降、地表水系有变化等问题,并影响周围村庄的人畜饮用水安全时,矿方应根据制订的应对方案适时解决村民的饮水问题。

(6)矿井排水在灌溉间隔期内进入跃进渠东干渠配套水库蓄存待用,其中部分水库存在库区大面积渗漏,坝体产生裂缝、沉陷、滑坡等现象,防洪标准低。由于水库下游有村庄和耕地,为了减少或避免矿井排水进入水库对下游村庄构成威胁,本报告建议矿方实时监测水库情况,及时整修加固水库,以降低损失。

(7)建议业主单位加强矿区开采过程中地表沉陷变化的巡视和监测,采取有效的开采保护措施,将引发地面沉陷的可能性降到最低。

参考文献

[1] W M Alley,R W Healy,J W LaBaugh,et al. Flow and storage in groundwater systems[J]. Science,2002,296(5575):1985-1990.

[2] 董少刚,唐仲华,冯全洲,等.地下水数值模拟中河流的处理方法及存在的问题[J].安徽农业科学,2008,36(23):10168-10169,10174.

[3] Nathant,Bruas.地表地下水系统动态管理[J].水文地质工程地质译丛,1993(2):1-82.

[4] 陈崇希,林敏.地下水动力学[M].武汉:中国地质大学出版社,1999.

[5] 陈植华,靳孟贵.地理信息系统与水资源系统分析、模拟、决策[C]∥水文地质工程地质论文集.武汉:中国地质大学出版社,1992.

[6] 韩再生.为可持续利用而管理含水层补给——第四届国际地下水人工补给会议综述[J].水文地质工程地质,2002,29(6):72-73.

[7] 郝华.我国城市地下水污染状况与对策研究[J].水利发展研究,2004,4(3):23-25.

[8] 崔新华.洛阳市首阳山电厂三期扩建工程水资源论证报告[R].郑州:河南省水文水资源局,2002.

[9] 黄冠华.模糊线性规划在灌区规划与管理中的应用[J].水利学报,1991,17(5):36-40.

[10] 靳孟贵,梁定伟,王增银,等.格尔木地区地下水动态分析与预测[J].地学探索,1991(4).

[11] 靳孟贵.地下水动态的灰色预测[J].地球科学——中国地质大学学报,1991,16(1):91-94.

[12] 沈照理,朱宛华,钟佐燊,等.水文地球化学基础[M].北京:地质出版社,1993.

[13] 王大纯,张人权,史毅虹,等.水文地质学基础[M].北京:地质出版社,1995.

[14] 王现国,李建涛,田秋菊,等.洛阳市水资源可持续开发利用对策研究[J],地下水,2003,25(2):83-86.

[15] 王现国,务宗伟,牛波,等.洛阳市水资源供需平衡与可持续利用对策研究[J].地域开发与研究,2005,24(4):104-108.

[16] 张人权,梁杏,靳孟贵.可持续发展理念下的水文地质与环境地质工作[J].水文地质工程地质,2004,31(1):82-86.

[17] 张人权,靳孟贵.略论地质环境系统[J].地球科学——中国地质大学学报,1995,20(4):373-377.

[18] 朱贵良,王浙彬,等.基于城市雨水资源化的截污下渗系统[J].水利学报,2003,34(9):71-76.

[19] 朱贵良,段志伟.城市雨水资源综合利用研究[J].科技进步与对策,2003,20(5):53-55.

[20] 赵天石.关于地下水库几个问题的探讨[J].水文地质工程地质,2002,29(5):65-67.

[21] 张宗祜,沈照理,薛禹群,等.华北平原地下水环境演化[M].北京:地质出版社,2000.

[22] 张光辉,费宇红,刘克岩,等.海河平原地下水演变与对策[M].北京:科学出版社,2004.

[23] 赵耀东.傍河水源地诱发补给试验研究[J].水资源与水工程学报,1991(1):45-51.

[24] 朱文彬.水资源开发利用与区域经济协调管理模型系统研究[J].水利学报,1995(11):31-38.

[25] 田莹.隋唐洛阳水环境与城市发展的互动关系研究[D].西安:陕西师范大学,2008.

[26] 赵亚敏.基于流域生态过程的洛阳市城市滨河绿地景观格局优化研究[D].郑州:河南农业大学,2006.

[27] 侯春堂,李瑞敏,冯翠娥,等.区域农业生态地质调查内容与方法[J].地质科技情报,2002,21(1):66-70.

[28] S O Oikeh,J G Kling,W J Horst,et al. Growth and distribution of maize roots under nitrogen fertilzation

in plinthite siol[J]. Field Grops Research ,1999,62:1-13.

[29] 徐恒力,孙自水,马瑞.植物地境及物种地境稳定层[J].地球科学——中国地质大学学报,2004,29
    (2):239-246.

[30] 徐恒力,汤梦玲,马瑞.黑河流域中下游地区植物物种生存域研究[J].地球科学——中国地质大学
    学报,2003,28(5):551-556.

[31] 宋永昌.植被生态学[M].上海:华东师范大学出版社,2001.

[32] 蔡晓明.生态系统学[M].北京:科学出版社,2002.

[33] 邬建国.耗散结构、等级系统理论与生态系统[J].应用生态学报,1991,2(2):181-186.

[34] 邹珊刚,黄磷邹,苏子仪,等.系统科学[M].上海:上海人民出版社,1987.

[35] 刘佳.中韩地下水资源保护制度比较[J].环境与可持续发展,2011,36(1):14-17.

[36] 高宗军,武强,张富中,等.地下水保护区划分方法及其意义[J].中国地质灾害防治学报,2004,15
    (4):91-95.

[37] W J Parton,J W B Stewart,C V Cole. Dynamics of C N ,P and S in grassland soils :A model[J]. Biogeo-
    chemisty,1988,5(1):109-131.

[38] C S Potter,J T Randerson,C B Field,et al. Terrestrial ecosystem production:A process model based on
    global satellite and surface data[J]. Global Biogeochem Cycles,1993,7(4):811-841.

[39] 王现国,郭立.洛河冲积平原包气带对入渗水污染物净化能力研究[J].水文地质工程地质,2009,
    36(6):123-126.

[40] 王现国.豫西龙洞泉岩溶水系统研究[J].人民黄河,2010,32(5):42-44.

[41] 王现国.洛阳市地下水源热泵应用研究[J].人民黄河,2009,31(9):52-53.

[42] 王现国,彭涛.洛阳市浅层孔隙地下水化学环境演化分析[J].人民黄河,2009,31(4):58-60.

[43] 王现国,张娟娟,邓晓颖,等.洛阳市垃圾填埋场场址适宜性评价及优选[J].水资源保护,2010,26
    (5):38-41.

[44] 王现国,彭涛,张领,等.洛阳盆地浅层地下水资源数值模拟评价[J].工程勘察,2010,38(6):38-
    43.

[45] 王现国,翟小洁,张平辉,等. 小秦岭矿区地质灾害发育特征与易发性分区[J].地下水,2010,32
    (4):162-164.

[46] 王现国.连霍高速公路河南段地质灾害类型及防治[J].中国地质灾害防治学报,2008,19(4):133-
    135.

[47] Wang Xianguo,GuoLi. The research on the countermeasures on the sustainable development and utilization
    of the water resources in Luoyang City[C]//2010 2nd conference on environmental science and informa-
    tion Application Technology ESLAT2010,Cheng Du:133-136.

[48] Wang Xianguo,GuoLi,Pengtao. The analysis on hydrochemistry environment of pore groundwater in shal-
    low aquifer in Luoyang City [C]//2010 4th International Conference on Bioinformatics and Biomedical
    Engineering ,iCBBE2010.

[49] 王现国,赵德山,邓晓颖,等. 断陷盆地地下水资源演化与水文地球化学模拟[M].北京:地质出版
    社,2010.

[50] 王现国,葛雁,吴东民,等. 河南省小秦岭矿区地质灾害研究[M].武汉:中国地质大学出版社,
    2010.